Defiéndete en INGLÉS

Frase-libro y diccionario de viaje

ANAYA TOURING CLUB

DEFIÉNDETE EN
INGLÉS
Frase-libro y diccionario de viaje

Textos: **Elena Almaraz.**
Introducciones: **Eduardo Rodríguez.**
Traducción y adaptación: **Peter McGrath.**

Editores de proyecto: **Luis Bartolomé** y **Ana López.**
Coordinación técnica: **Mercedes San Ildefonso** y **Pila Iglesias.**
Asesor lingüístico: **Cándido Tejerina.**
Fotografías: **María Ramos:** 6, 8, 9, 10, 11, 12a, 12b, 13, 14, 15, 17, 18, 19, 20, 21, 22, 23, 26, 27, 30, 31, 33, 36, 39, 40a, 40b, 41, 45b, 46a, 50, 52, 58a, 61, 71, 76, 77, 80, 81, 87. **Moonshine:** 24, 25, 28, 29, 34, 35, 38, 42, 44, 45a, 46b, 51, 54, 56, 58b, 74, 85, 90, 91. **Christine Monot:** 64, 67, 68. **Ángel Ortega:** 43.
Foto cubierta: **Cordon Press.**

Impresión: **Gráficas Muriel, S.A.**

Los editores desean expresar su agradecimiento a la oficina de turismo británica Moonshine Travel Marketing, por su valiosa colaboración a la hora de realizar esta guía.

Febrero, 2006

Juan Ignacio Luca de Tena, 15.
28027 Madrid

Depósito legal: M-3.396-2006
I.S.B.N.: 84-8165-838-3
Impreso en España - Printed in Spain

Presentación

Defiéndete en Inglés es un libro cuyo objetivo es facilitar la comunicación y desenvolvimiento del viajero español por países de habla inglesa y con pocos o ningún conocimiento de este idioma.

Los libros de frases como éste gozan de una ya larga tradición en otros ámbitos culturales, pero hasta ahora ninguna editorial española se había planteado la realización de un producto semejante. Ésta es probablemente la característica más destacable de esta colección: **no se trata de la traducción o adaptación de una colección extranjera sino que, desde su origen, está concebida como un instrumento al servicio de los viajeros de nuestro ámbito cultural** y teniendo en cuenta sus puntos de vista, mentalidad, necesidades e intereses.

No por tópico es menos cierto que la mayoría de los españoles tropieza con un acusado sentido del ridículo a la hora de expresarse en otros idiomas. Considerando este hecho diferencial, hemos diseñado un frase-libro cuya eficacia se basa en la sencillez y el sentido del humor.

Sencilla es su estructura, donde los contenidos se articulan según las situaciones típicas de los viajes (medios de transporte, alojamientos, restaurante, compras, etc.) y son de fácil y rápida localización, gracias al empleo de **páginas de distintos colores** y a la existencia de un ***Índice general*** –por apartados– y un ***Índice alfabético.***

Cada apartado comienza con una ***Introducción,*** que informa de las costumbres del país, el funcionamiento de los servicios, las peculiaridades de los diferentes tipos de establecimientos, etc., a la que siguen un ***Vocabulario básico,*** una serie de recuadros con los ***Rótulos más frecuentes*** y una selección de ***Frases útiles.***

El apartado final está formado por un ***Diccionario de viaje*** que recoge unos dos mil vocablos de uso habitual en los viajes.

Igualmente sencillo es el sistema de transcripción fonética utilizado. Salvo algunos sonidos no asimilables a otros castellanos, cuya representación se aclara convenientemente, todo se pronuncia de la misma manera en que se lee en castellano. Este método, que puede perecer algo heterodoxo a los ojos de un filólogo, no necesita de ningún aprendizaje previo y evita las dificultades que el sistema fonético internacional y otros similares plantean al viajero que, normalmente, dispone de poco tiempo para preparar su viaje. Leyendo en su propio idioma el usuario se atreve a expresarse en otra lengua y cada éxito parcial constituye un nuevo estímulo para volver a intentarlo.

ANAYA Touring Club

Instrucciones de uso

Cada una de las palabras y frases contenidas en este frase-libro aparece siempre en tres formas distintas; español, inglés y la transcripción fonética del texto inglés. Con el fin de facilitar la localización de los términos buscados, se presentan con formas tipográficas distintas, pero siempre las mismas:

Idioma español, en negrita.
Idioma inglés, en texto normal.
Transcripción fonética, en cursiva.

También se respeta siempre este mismo orden excepto en los casos en que la consulta tenga su origen en un texto inglés, como por ejemplo en la lectura de la carta de un restaurante, en cuyo caso aparece en primer lugar el término inglés que es el que se quiere consultar.

Cómo localizar la palabra o frase que se necesita

Lo mejor es consultar el ***Índice general*** de la página 5, donde se enumeran los lugares o situaciones habituales en los viajes y buscar en la página correspondiente la palabra o frase que se necesite. Si no se encuentra la palabra o frase deseada, se puede recurrir al ***Índice alfabético,*** situado en las páginas finales, donde se ofrece un elenco mucho más amplio de términos de referencia, seguidos del número de la página o páginas donde aparece cada uno de ellos. Si lo que se busca es una palabra concreta, se puede consultar directamente el ***Diccionario de viaje*** en las páginas finales de color naranja.

Se recomienda también la lectura de las introducciones para familiarizarse con las costumbres y normas de conducta locales.

Transcripción fonética utilizada

Aparece siempre en cursiva y no necesita un aprendizaje previo ya que **basta con leer los textos como si estuvieran escritos en castellano,** teniendo en cuenta que se ha utilizado el guión bajo (_)para indicar enlaces entre palabras: p. ej. *How are you* se pronunciará como ***jau_a_yu;*** y que el grupo consonántico ***(dz),*** que representa la (th) inglesa, se pronunciará como un sonido intermedio entre las dos consonantes *d* y *z*.

La pronunciación se aproximará a la correcta en la medida en que se imite la entonación. Conviene tener presente que para hacerse entender en un idioma la música es tan importante como la letra. Lo mejor es leer antes la frase para pronunciarla de un tirón imitando en la medida de lo posible la entonación local.

Índice general

DATOS PERSONALES

Al entablar un primer contacto con un extraño, cuyo nombre se conoce, siempre se han de emplear las expresiones **Señor**/Mister *(míste)*; **Señora**/Mrs *(mísis)*; o **Señorita**/Miss *(mis)* y a continuación el apellido. Coloquialmente no se usa la segunda persona de los verbos, sólo se emplea el **Ud**/you *(yu)*. Sólo en caso de un contacto continuado o por motivo de amistad, relación laboral, familiar, etc., se prescinde del apellido y es el nombre de pila/christian name *(cristien neim)* el que se utiliza como equivalente del tuteo castellano.

No es de extrañar ni tampoco se puede considerar como una indiscreción, que al entablar conocimiento con una persona se interese por nuestra profesión, estado civil, nacionalidad, aficiones, "hobbies", etc. Se puede responder con toda naturalidad ya que también esa persona está dispuesta a contestar a un cuestionario similar. Tal vez en algún momento de la conversación surja la pregunta ¿puedo llamarle...?/Can I call you? *(can ai kol yu...?)* y a continuación nuestro nombre de pila. Automáticamente, y si la respuesta es un **¡por supuesto!**/Of course! *(of koos)* o un **¡por favor!**/Please, do so! *(plis, du sou)*, acaba de nacer una relación de tuteo.

En el trato con las gentes es imperdonable la omisión de un **¡por favor!**/Please *(plis)*, un ¡Lo siento!/ I am sorry *(ai am sory)* o un **¡Disculpe!**/Excuse me *(icskius mi)*, en el momento oportuno. El abuso es mejor que la omisión. Si por cualquier circunstancia no se ha entendido alguna palabra o expresión, jamás se deberá decir **¿Qué?**/What? *(uot)*. también imperdonable por lo grosero. Lo correcto será siempre: I beg you pardon *(ai beg yoo pádon)* o, simplemente, Pardon *(pádon)*. Será como decir: Ruego me disculpe por no haberle comprendido. Pero es lo correcto.

En el mundo de habla inglesa sólo se usa un apellido y la mujer pierde automáticamente su **apellido original**/maiden name *(meiden neim)* al contraer matrimonio, adoptando el apellido de su esposo y quedando completamente olvidado a todos los efectos el que heredó de su padre. Sólo los hombres mantienen su apellido y lo transmiten a su esposa e hijos. En caso de divorcio la mujer recupera su **apellido de soltera**/maiden name *(meiden neim)*.

Nacionalidad Nationality *nashunáliti*	**Fecha de nacimiento** Date of birth *deit_ov beez*	**Lugar de nacimiento** Place of birth *pleis ov beez*
Nombre Christian name *crístien neim*	**Estado civil** Marital status *máritul steitus*	**Lugar de residencia** Place of residence *pleis ov résidens*
Primer/Segundo apellido First/Second surname *feest/sécund séeneim*	**Soltero/Casado** Single/Married *síngul/máriid*	**Dirección** Address *adrés*
Edad Age *eich*	**Viudo/Divorciado** Widowed/Divorced *uídoud/divóost*	**Profesión** Occupation *okiupéishun*

Vocabulario

¿De dónde es Ud.?
Where are you from?
uéera_yu from
Yo soy español.
I'm Spanish.
aim spánish
¿Cómo se llama usted?
What's your name?
uots yoo neim
Me llamo José López.
My name is José López.
mai neim is josé lópez
¿Cuál es su dirección?
What's your address?
uots yoor adrés
Resido habitualmente en Cuenca.
Normally I live in Cuenca.
nóomali ai liv in cuenca
¿Está usted casado?
Are you married?
aa yu máriid
Sí, estoy casado.
I'm married.
aim máriid
¿Cuántos años tiene Ud.?
How old are you?
jau ould aa yu
Tengo 29 años.
I'm 29 years old.
aim 29 yees ould
¿De qué parte de España es Ud?
What part of Spain are you from?
uot paat ov spein aa yu from

Soy de León.
I'm from León.
aim from león
¿Dónde vive Ud.?
Where do you live?
uee du_yu liv
Vivo en Gerona.
I live in Gerona.
ai liv in gerona
¿Cuál es su número de teléfono?
What's your telephone number?
uots yoo télifoun namba
Mi número de teléfono es...
My telephone number is...
mai télifoun namba is
Mi dirección en España es...
My address in Spain is...
mai adrés in spein is
¿Tiene Ud. hijos?
Have you got any children?
jav_yu got eni chíldren
Tengo dos hijos.
I've got two children.
aiv got tuu chíldren
No tengo hijos.
I haven´t got any children.
ai javent got éni chíldren
¿Cuál es su profesión?
What do you do?
uot du_ yú du
Soy profesor.
I´m a teacher.
aim e tícha

PRESENTACIONES Y SALUDOS

Cuando se trata de una nueva presentación la fórmula correcta es **¿Cómo está Ud.?**/How do you do? *(jau du_yu du)*, a lo que normalmente se responde con la misma expresión: How do you do?. Así queda establecida la presentación. Sin más. También se emplean otras como Nice to meet you! *(nais tu mit yu)* o It's a pleasure to meet you! *(Its a plesha tu mit yu)*. Es un puro formulismo al que se suele responder con la misma expresión. Dependiendo del ámbito social en que se produzca esta presentación se empleará el apellido o el nombre de pila.

¿Cómo está Ud.?
How are you?
jau_a_yu
Bien gracias. ¿Y Ud.?
Fine thank you. And you?
fain zank_yu and_yu
Encantado de conocerle.
How do you do?
jau du_yu dú
Quiero presentarle a un amigo.
I'd like to introduce you to a friend of mine.
aid laik tu introdiús yu tu e frend ov main
Éste es el Sr Presley.
This is Mr Presley.
dzis is místa presli.
Mucho gusto.
Nice to meet you.
nais tu mit_yu
¿Lleva mucho tiempo aquí?
Have you been here long?
jav_yu bin jia long

Acabo de llegar.
I've just arrived.
aiv chast aráivd
Vine hace dos días.
I came two days ago.
ai keim tu deis egóu
Hasta mañana.
See you tomorrow.
si yu tumórou
Lo siento, tengo que irme.
I'm sorry, I must go.
aim sóri ai mas gou
Salude de mi parte a Peter.
Give my regards to Peter.
guiv mai rigáads tu píta

EDAD Y PARENTESCO

¿Cuántos años tiene Ud.?
How old are you?
jau ould a_yu
Tengo 38 años.
I'm thirty-eight years old.
aim dzéti eit yees ould

¿Cuántos años tiene ella?
How old is she?
jau ould is shi
Ella tiene 25 años.
She's twenti-five years old.
shis tuénti faiv yees ould

Vocabulario

abuela grandmother *gránmadza*
abuelo grandfather *gránfaadza*
abuelos grandparents *gránperans*
cuñada sister-in-law *sístarinlo*
cuñado brother-in-law *brádzarinlo*
esposa wife *uaif*
esposo husband *jásband*
familia family *fámili*
matrimonio couple *cápul*
hermana sister *sísta*
hermano brother *brádza*
hija daughter *dóota*
hijo son *san*
hijos children *chíldren*
madre mother *mádza*
padre father *fádza*
padres parents *pérans*
nieta granddaughter *grándoota*
nieto grandson *gránsan*
nietos grandchildren *gránchildren*
novia girlfriend *guélfrend*
novio boyfriend *bóifrend*
prima cousin *cásen*
primo cousin *cásen*
sobrina niece *niis*
sobrino nephew *néfiu*
tía aunt *aant*
tío uncle *áncul*

HACERSE ENTENDER-EXPRESIONES COTIDIANAS

Como todos los idiomas, aunque tal vez más que otros, el idioma inglés presenta muchos problemas de interpretación fonética. Todas las variaciones son correctas pues no existe norma alguna que las regule. Cuando surja algún inconveniente de este tipo, lo mejor es recurrir a la escritura. Esta no falla. Hay un solo inglés escrito y éste lo comprenden todos aunque su pronunciación sea distinta para un galés, un norteamericano o un "cockney". No hay que desanimarse lo más mínimo cuando alguien no comprenda una palabra o una frase. El inglés, hablado por tantos millones de seres humanos, se presta a cualquier confusión fonética. Son muy pocos los británicos que hablan su idioma de una manera correcta. ¡Ánimo!

PROBLEMAS CON EL IDIOMA

¿Habla Ud. inglés?
Do you speak English?
du_yu spiik ínglish
Lo siento, no lo hablo.
I'm sorry, I don't.
aim sóri ai dount
Hablo un poco.
I speak a bit.
ai spiik e bit
¿Me comprende?
Do you understand me?
du_yu andestán mi
No comprendo.
I don't understand.
ai dount andestán
Por favor, hable más despacio.
Could you speak more slowly, please?
cud_yu spiik moo slouli pliis

¿Dónde? Where? *uee*	***¿Cuándo?*** When? *uen*
¿Cómo? How? *jau*	**¿Cuánto?** How much? *jau mach*
Cuántos? How many? *jau meni*	**¿Quién?** Who? *ju*
Cuál? Which? *uich*	**¿Por qué?** Why? *uai*

¿Cómo se llama esto en inglés?
What do you call it in English?
uot du yu kol it in ínglish
Señale la frase en el libro.
Could you point the sentence in the book, please?
cud_yu point tu dze sentens in dze buk pliis
¿Cómo se pronuncia esta palabra?
How do you pronounce this word?
jau du_yu pronauns dzis ueed
¿Hay alguien aquí que hable español?
Does anybody speak Spanish?
das_énibodi spiik spánish
¿Puede repetir?
Could you repeat, please?
cud_yu ripít pliis
¿Puede Ud. hablar más alto?
Could you speak louder, please?
cud_yu spiik lauda pliis
Por favor, escríbalo.
Could you write it down please?
cud_yu rait_it daun pliis
Por favor, deletréelo.
Could you spell it, please?
cud_yu spel it pliis
No entiendo nada.
I can't understand a word.
ai caant_andestánd e ueed

DESEOS Y DIFICULTADES

Quisiera un poco de sal.
I'd like some salt.
aid laik sam soolt

¿Puede Ud. ayudarme?
Could you help me?
cud_yu jelp mi
¿Podría Ud. decirme...?
Could you tell me...?
cud_yu tel mi
¿Qué es esto?
What's this?
uots dzis
¿Qué desea?
Can I help you?
can_ai jelp yu

¿Puedo...? No puedo.
Can I...? I can't.
can ai ai caant
¿Tiene Ud…?
Have you got…?
jav_yu got
¿Necesita ayuda?
Do you need any help?
du_yu niid eni jelp
¿Puede darme…?
Could you give me…?
cud_yu guiv mi
¿Puede enseñarme…?
Could you show me…?
cud_yu shou mi
¿A quién busca?
Who are you looking for?
ju_a_yu lúkin fo
Estoy buscando a mi perro.
I'm looking for my dog.
aim lúkin fo mai dog
Estoy perdido.
I'm lost.
aim lost

He perdido mi pasaporte.
I've lost my passport.
aiv lost mai páasport
Es importante.
It's important.
its impóotent
Es urgente.
It's urgent.
its éechent
¿Qué ocurre?
What's the matter?
uots dze mata
Tengo hambre.
I'm hungry.
aim jángri
Tengo sed.
I'm thirsty.
aim zéesti
Estoy cansado.
I'm tired.
aim taied

EXPRESIONES COTIDIANAS

Sí. **No.**
Yes. No.
yes *nou*
Gracias. **De nada.**
Thank you. Not at all.
zánk_yu *not_a tóol*
Perdone. **Por favor.**
Sorry. Please.
sóri *pliis*
Buenos días.
Good morning.
gud móonin
Buenas tardes.
Good afternoon.
gud aftenun
Buenas noches.
Good night.
gud nait
Hola. **Adiós.**
Hello. Good bye.
jelou *gud bai*
Hasta luego.
See you.
sí yu

Hasta mañana.
See you tomorrow.
si yu tumórou
Muchas gracias.
Thank you very much.
zánk_yu veri mach
¿Me permite?,
May I?
méi_ai
Disculpe.
Excuse me.
icskiús_mi
Lo siento.
I'm sorry.
aim sóri
No importa.
It doesn't matter.
it dásent mata
De acuerdo.
Okay. *oukei*
No estoy de acuerdo.
I don't agree.
ai dount_egrí

¡Qué pena!
What a pity!
uot_e píti
¡Qué bien!
¡Qué mal!
Great! Oh no!
greit ou nóu
Todo/ Nada.
Everything/Nothing.
évrizin/názin
¿Cómo está Ud.?
How are you?
jau_a_yu
Bien, gracias.
¿Y Ud.?
Fine thank you.
And you?
fain zank_iu and yú
Entremos/Salgamos.
Let's go in/Let's go out.
lets gou in/lets gou_aut
Es posible/imposible.
Perhaps/impossible.
pejáps/impósibul

DIRECCIONES Y ORIENTACION

Lo más conveniente es ir bien provistos de un mapa o plano. Y aún así, nada mejor que recurrir a un agente de policía. Con toda cordialidad hará una verdadera demostración de su interés por indicar la forma correcta y más rápida de llegar al punto por el que se le ha preguntado.

También puede encontrarse esta misma actitud en cualquier otro habitante de la ciudad, pero siempre debe considerarse la posibilidad de que no conozca la zona o de que se trate de otro visitante de la misma.

¿Podría decirme dónde hay un bar?
Could you tell me where there's a bar?
cud_yu tel mi uee dzes_e baa
¿Dónde está el Parlamento?
Where's the Parliament?
uees dze páaliment
¿Cómo se va a Brighton?
How do I get to Brighton?
jau du ai guet tu braitun
¿Voy bien para Liverpool?
Am I going the right way for Liverpool?
am ai gouin dze rait uei fo lívepul
¿Cuánto tiempo se tarda en llegar?
How long does it take to get there?
jau lon das it teik tu guet dzee
Siga todo derecho.
Go straight on.
gou streit_on
Cruce la calle.
Cross the road.
cros dze roud
Tuerza a la izquierda en la primera calle.
Turn left at the first turning.
teen left at dze feest téenin
Dé media vuelta y vuelva a...
Turn around and go back to...
teen_aráund an gou bak tu
Al llegar a una plaza, pregunte.
When you get to a square, ask someone.
uen_yu guet tu e scuee asc sámuan

Vocabulario

derecha right *rait*
izquierda left *left*
al norte/sur/este/oeste
to the north/south/east/west
tu dze nooz/sauz/ist/uest
alrededor de around *aráund*
abajo down *daun*
arriba up *ap*
debajo de under *ánda*
delante de
in front of
in frant ov
dentro
inside
insaid
detrás de
behind
bijáind
encima de
on top of
on top ov
enfrente de
opposite
óposit
fuera outside *autsaid*
junto a
next to
neks_tu

ADUANAS Y FRONTERAS

Los ciudadanos de países miembros de la U.E. sólo necesitan presentar el pasaporte o D.N.I para entrar en el Reino Unido. No ocurre lo mismo con los Estados Unidos donde es imprescindible el visado.

En cuanto a los artículos cuya importación no está permitida, conviene consultar previamente con el consulado del país correspondiente, ya que este tipo de normas suelen modificarse con frecuencia. Como idea general se puede indicar que no está permitida la entrada de armas ni municiones de ningún tipo y están sometidos a restricciones los cigarrillos, alcohol, perfumes, plantas, flores, comida, animales vivos, etc.

Existen dos entradas en el recinto de la aduana: Una con el rótulo de color verde **Nada que declarar**/ Nothing to declare *(nazin tu diclee)* y otra con el rótulo de color rojo **Algo a declarar**/Something to declare *(samzin tu diclee)*. Debe usarse la que corresponda. En el caso de ciudadanos de países firmantes del Tratado de Schengen existe una entrada especial indicada con la palabra SCHENGEN.

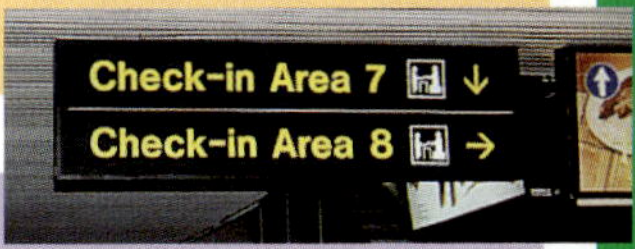

Vocabulario

aduana
customs
cástums
aduanero
customs officer
cástums ófisa
caducado
out of date
aut ov deit
carné de conducir
driving licence
dráivin láisens
DNI
ID card
ai di caad
certificado de seguro
insurance certificate
inshórans setífiket
certificado de acunación
vaccination certificate
vaksinéishun setífiket
declarar
to declare
tu diclée
documentación
papers
peipas
control de pasaportes
passport control
páaspoot contróul
frontera border
booda
impreso
form
foom
libre de impuestos
duty-free
diuti-fri
nacionalidad
nationality
nashunáliti
nada que declarar
nothing to declare
nazin tu diclée
pasaporte
passport
páaspoot
profesión job *chob*
válido valid *válid*
visado visa *visa*

Por favor, su pasaporte.
Could I see your passport, please.
cud_ai si yoo páaspoot pliis
Por favor, la documentación del coche.
Could I see your car documents, please?
cud_ai si yoo caa dókiuments pliis

Aquí tiene.
Here you are.
jia yu_aa
¿Tiene algo que declarar?
Have you anything to declare?
jav_yu énizin tu diclée

No, sólo llevo cosas de uso personal.
No, I'm only carrying my personal belongings.
nou aim ounli cáryin mai péesonal bilóngins

Sí, quiero declarar esto.
Yes, I want to declare this.
yes ai uont tu diclée dzis

¿Cuál es el motivo de su viaje?
What's the purpose of your visit?
uots dze péepes ov yoo vísit

Venimos de vacaciones.
We've come here on holiday.
uiv cam jia on jólidei

CORREOS

En el Reino Unido, las oficinas de Correos *(Post Office)* están generalmente abiertas de 9 a 17 horas. No obstante, en las grandes ciudades existe una oficina abierta durante 24 horas en la que se puede realizar cualquier tipo de operaciones. Si se tiene necesidad de enviar dinero a cualquier lugar dentro del Reino Unido se deberá comprar una *"Postal Order"* por el importe de la cantidad a enviar. Este documento es nominativo. Se puede enviar como una carta normal y al llegar a manos del destinatario, éste podrá hacer efectiva esa *"Postal Order"* en cualquier oficina de Correos del país.

Hay dos categorías de correo para el servicio interior *(Inland Post)*: primera y segunda clase *(First Class y Second Class)*. Los objetos de primera clase llegarán a su destino el día siguiente de haberlos consignado. Los de segunda clase, un día después. Naturalmente existe una diferencia de precio en el franqueo que supone un 30 ó 35 por ciento. Si se necesita una información más amplia, se puede solicitar el folleto *"Tourist Guide to the British Postal Service"* en cualquier oficina de Correos.
Es muy recomendable, cuando no se tiene una dirección fija, recibir la correspondencia en la denominada *"Poste restante"* (Lista de Correos).

Vocabulario

buzón
post-box/*póustbocs*
carta letter *leta*
certificada/urgente
registered/urgent letter
rechísted/ éechent leta
correo aéreo/ ordinario/urgente
air/ordinary/urgent mail
ea/óodinri/éechent meil
dirección address
adrés
distrito postal
postal district
póustal dístrict
enviar send *send*
firma signature
sígnicha
franquear
stamp
stamp
giro postal
giro
chairo
impresos
forms
fooms
oficina de correos
post office
poust ófis
paquete
parcel *páasul*
recibir/recoger
receive/collect
risív/coléct
remite/remitente
sender
senda
sello stamp *stamp*
sobre
envelope
énveloup
ventanilla
counter
caunta

¿Dónde hay una oficina de correos?
Where's the post office?
uees_dze poust ófis
¿Dónde hay un buzón?
Where is there a post-box?
uer_is dzer_e poust bocs
Quiero unos sellos, por favor.
I'd like some stamps, please.
aid laik sam stamps pliis
Quiero enviar esta carta a Madrid.
I'd like to send this letter to Madrid.
aid laik tu send dzis leta tu madrid
¿A qué hora abren/cierran?
What time do they open/close?
uot taim du dzei oupen/clous
¿Cuál es la ventanilla para...?
Which is the counter for...?
uich is dze caunta fo
¿Cuánto cuesta el franqueo?
How much does the stamp cost?
jau mach das dze stamp cost
¿Hay carta para mí?
Is there any post for me?
is dzer eni poust fo mi

TELÉGRAFO

telégrafo telegraph *télegraaf*	**telegrama** telegramme *télegram* **palabra** word *ueed*	**impreso de telegrama** telegramme form *télegram foom*

Quiero enviar un telegrama a Barcelona.
I want to send a telegramme to Barcelona.
ai uont tu send e télegram tu baaselouna.
¿Cuánto cuesta por palabra?
How much is it per word?
jau mach is it pe ueed
Deme un impreso de telegrama.
Give me a telegramme form, please.
guiv mi e télegram foom pliis
¿Cuándo llega el telegrama a Bilbao?
When will the telegramme arrive at Bilbao?
uen_uil dze télegram aráiv at bilbao

TELÉFONO

El teléfono resulta más económico los sábados y domingos o los días de semana entre las 18 y las 6 del día siguiente. Para una completa información debe consultarse la Guía telefónica (Telephone directory) que suele encontrarse en el interior de las cabinas.

Los teléfonos de las cabinas funcionan con monedas de 5p, 10p y £1.00. También con tarjetas magnéticas que se pueden obtener en las oficinas de correos, en los estancos o en los lugares donde se venden periódicos.

Para llamar a España se marca **00,** y a continuación **34** seguido del número del abonado que se desee.

auricular
receiver
risíva
cabina
telephone box
télifoun bocs
colgar
hang up
jang_ap
comunicando
engaged
ingéicht
conferencia
long distance call
lon dístans cool
conferencia a cobro revertido
reverse charge call
rivées chaach cool
descolgar/ descolgado
lift up the receiver
lift ap dze risíva
línea line *lain*
llamada local/
local call
lóucol cool
llamada internacional
international call
intanáshunol cool
prefijo code *coud*
señal tone *toun*
teléfono
telephone
télifoun

Vocabulario

Buenos días. ¿Me pone con el 2340578 de Londres?
Good morning. Could you put me through to London 234 05 78?
gud moonin cud_yu put mi zru tu, landun tuu, zrii, foo, ou, faiv, seven, eit
Oiga. Soy José López.
Hello, this is José López.
jelou dzis is josé lópez
Dígame Hello *jelou*
Quisiera hablar con John Smith.
Could I speak to John Smith?
cud_ai spiik tu chon_smíz
Espere un momento, por favor.
Wait a moment, please.
ueit e móument pliis
¿Quiere dejar algún recado?
Do you want to leave a message?
du yu uont tu liiv e mésich
Se ha equivocado de número.
Sorry, wrong number.
sóri rong námba
Dígale que ha llamado José López.
Tell him that José López phoned.
tel jim dzat José López found
No está en este momento.
He's not in at the moment.
jiis not in at dze móument
Vuelva a llamar más tarde.
Phone again later on.
foun eguen léitar_on
Oigo mal. Hay interferencias.
I can't hear very well.
ai caant jia véri uel
Llamaré más tarde.
I'll phone again later.
ail foun eguen leita
¿A qué hora volverá?
What time will she return?
uot taim uil shi ritéen
Dígale que llame al número...
Tell her to phone to number…
tel ja tu foun tu námba

BUSCANDO UN TELÉFONO

¿Dónde hay un locutorio?
Where are the public phones, please?
uer_a dze páblic founs pliis
¿Dónde está el teléfono?
Where's the phone?
uees dze foun
¿Tiene monedas para el teléfono?
Have you any change for the telephone?
jav_yu eni cheinch fo dze télifoun
¿Tiene tarjetas de teléfono?
Have you got any phone cards?
jav_yu got eni foun caads
Por favor, ¿la guía de teléfonos?
Excuse me, have you got a phone book?
icskiús mi jav_yu got_e foun buk
¿Puedo utilizar su teléfono?
Can I use your phone, please?
can_ai yus_yo foun pliis

EN EL LOCUTORIO, EN LA CABINA

Quiero una conferencia con España.
I'd like to make a long distance call to Spain.
aid laik tu meik a long dístens cool tu spein

La línea está ocupada.
The line's engaged.
dze lains ingéicht

No contestan.
There's no answer.
dees nou aansa

Quiero una conferencia a cobro revertido.
I'd like to make a reverse charge call.
aid laik tu meik a rivées chaach cool

La línea se ha cortado.
The line's been cut off.
dze lains bin cat of

No se retire, por favor.
Hold on a moment, please.
jould on e móument pliis

NÚMEROS Y FECHAS

1	one	*uan*
2	two	*tuu*
3	three	*zrii*
4	four	*foo*
5	five	*faiv*
6	six	*sics*
7	seven	*seven*
8	eight	*eit*
9	nine	*nain*
10	ten	*ten*
11	eleven	*iléven*
12	twelve	*tuelv*
13	thirteen	*zéetiin*
14	forteen	*fóotiin*
15	fifteen	*fíftiin*
16	sixteen	*sícstiin*
17	seventeen	*séventiin*
18	eighteen	*éitiin*
19	nineteen	*náintiin*
20	twenty	*tuénti*
21	twenty-one	*tuenti uán*
22	twenty-two	*tuenti túu*
30	thirty	*zéeti*
40	forty	*fóoti*
50	fifty	*fífti*
60	sixty	*sícsti*
70	seventy	*séventi*
80	eighty	*éiti*
90	ninety	*náinti*
100	one hundred	*uan jándred*
200	two hundred	*tu jándred*
300	three hundred	*zri jándred*
400	four hundred	*foo jándred*
1 000	a thousand	*e záusand*
2 000	two thousand	*tu záusend*
1 000 000	a million	*e mílion*

101
a hundred and one
e jándred an uan

143
a hundred and forty-three
e jándred an fóoti zri

1430
one thousand four hundred and thirty
uan záusand foo jándred andzéeti

1°	first	*feest*
2°	second	*sécond*
3°	third	*zeed*
4°	fourth	*fooz*
5°	fifth	*fifz*
6°	sixth	*sicsz*
7°	seventh	*sévenz*
8°	eighth	*eitz*
9°	ninth	*nainz*
10°	tenth	*tenz*
11°	eleventh	*elévenz*
12°	twelfth	*tuelfz*
Una vez	once	*uans*
Dos veces	twice	*tuais*
Tres veces	three times	*zri taims*
La mitad	half	*jaaf*
Un tercio	a third	*e zeed*
Un cuarto	a quarter	*e coota*

¿Que día es hoy?
What's the date today?
uots dze deit tudéi
El día 1 de abril de 1998.
The first of April nineteen ninety-eight.
dze feest ov éipril náintiin naintiéit

Hoy es 1 de enero.
Today's the first of January.
tudéis dze feest ov chánueri
Nos vamos el 30 de agosto.
We're going on the thirtieth of August.
uia gouiin on dze zéetiez ov óogust

HORA Y TIEMPO

Es frecuente que los horarios aparezcan indicados como 3 pm, 7 pm o 10 pm, en lugar de 15 h, 19 h o 22 h. También suele aparecer la palabra *midday* (mediodía) o *midnight* (medianoche), en lugar de 12 h o 24 h, respectivamente.

¿Qué hora es?
What's the time?
uots dze taim
Por favor, ¿puede decirme la hora?
Excuse me, have you got the time?
Icskiús mi jav_yu got dze taim
Son las tres.
It's three o'clock.
its zrí oclóc
Son las cinco y diez.
It's five past ten.
its faiv paas ten

Son las seis y cuarto.
It's a quarter past six.
its e coota paast sics
Son las cuatro y media.
It's half past four.
its jaaf paast foo
Son las ocho menos veinte.
It's twenty minutes to eight.
its tuenti mínits tu eit
Son las nueve menos cuarto.
It's a quarter to nine.
its e coota tu nain

Vocabulario

hoy today *tudéi*
ayer
yesterday *yéstedei*
mañana
tomorrow
tumórou
esta mañana
this morning
dzis móonin
esta tarde
this afternoon/evening
dzis aaftenúun/ívnin
mediodía
midday
middéi

medianoche
midnight
mídnait
por la mañana
in the morning
in dze móonin
por la noche
at night
at nait
este mes
this month
dzis manz
esta noche
tonight
tunáit

el año pasado
last year
laast yia
la semana próxima
next week
nekst uik
hace tres días
three days ago
zri deis egóu
todos los días
every day
évri dei
hora hour *aua*
minuto minute *mínit*
segundo second *sécund*

DÍAS, MESES Y ESTACIONES

Son fiestas oficiales en el Reino Unido: 1 de enero (New Year's Day); Viernes Santo (Good Friday); Lunes de Pascua (Easter Monday); Primer lunes de mayo (May Day); Lunes de Pentecostés (Whit Monday); Último lunes de agosto (August Bank Holiday); 25 de diciembre (Christmas Day y el 26 de diciembre (Boxing Day).

En Estados Unidos varían según las normas de cada Estado.

LOS DÍAS DE LA SEMANA

¿Qué día de la semana es hoy?
What day is it today?
uot déi is it tudéi

Hoy es lunes.
Today is monday.
tudéi is mándei

lunes	monday	*mándei*			
martes	tuesday	*tiúsdei*	**viernes**	friday	*fráidei*
miércoles	wednesday	*uénsdei*	**sábado**	saturday	*sátedei*
jueves	thursday	*zéesdei*	**domingo**	sunday	*sándei*

LOS MESES

¿En qué mes estamos?
What month are we in?
uot manz a_ui in

Estamos en el mes de mayo.
We're in May.
uir_in mei

enero	January	*chánueri*	**julio**	July	*chulái*
febrero	February	*fébrueri*	**agosto**	August	*óogust*
marzo	March	*maach*	**septiembre**	September	*septémba*
abril	April	*éipril*	**octubre**	October	*octóuba*
mayo	May	*mei*	**noviembre**	November	*nouvémba*
junio	June	*chuun*	**diciembre**	December	*disémba*

LAS ESTACIONES DEL AÑO

primavera	spring	*sprin*	**otoño**	autumn	*óotum*
verano	summer	*sama*	**invierno**	winter	*uinta*

MONEDA Y CAMBIO

Las monedas *(coins)* en circulación en el Reino Unido son, desde que fue oficializado el sistema decimal, el 15 de febrero de 1971: 0,5, 1, 2 y 3 peniques, en cobre; y 5, 10 y 50 peniques, en cuproniquel. Hay billetes *(banknotes)* o *(notes)* de 1, 5, 10, 20, 50 y 100 £ libras esterlinas.

En Estados Unidos circulan monedas de 1 centavo de dólar, en cobre; de 5 (Nickel), 10 (Dime), 25 (Quarter) y 50 centavos, en cuproníquel; y billetes de papel de 1, 2, 5, 10, 20, 50 y 100 dólares.

¿Dónde está el banco más próximo?
Where's the nearest bank?
uees dze nierest bank
Quiero cambiar 1.000 euros en libras.
I want to change 1.000 euro into pounds.
ai uont tu cheinch e záusand iuro intu paunds
¿A cómo está el cambio?
What's the exchange rate?
uots dzi ecschéinch reit
¿A qué hora abren los bancos?
What time do the banks open?
uot taim du dze banks óupen
¿Dónde puedo cambiar dinero?
Where can I change some money?
uee can_ai cheinch sam mani
Démelo en billetes de 10, por favor.
Could I have it in tens, please?
cud_ai jav_it_in tens, pliis
¿Puedo ver su pasaporte, por favor?
Can I see your passport, please?
can_ai si yoo páaspoot pliis
¿Puedo cobrar este cheque aquí?
Can I cash this cheque here?
can_ai cash dzis chec jia

PESOS Y MEDIDAS

LONGITUD LENGTH
¿Cuánto mide?
How long is it?
jau long is it
¿Cuál es la distancia desde Londres a Windsor?
How far is it from London to Windsor?
jau faar is it from London tu uínsa

SUPERFICIE AREA
¿Cuánto mide?
How big is it?
jau big is it
¿Cuál es su superficie?
What is its area?
uot is its éeria

PESO WEIGHT

¿Cuánto pesa?
How much does it weigh?
jau mach das it uei

¿Cuál es su peso?
How much do you weigh?
jau mach du yu uei

CAPACIDAD CAPACITY

¿Qué capacidad tiene?
How much does it hold?
jau mach das it jould

¿Cuál es la capacidad del depósito de gasolina?
What's the capacity of the petrol tank?
uots dze capásiti of dze pétrul tank

TEMPERATURA TEMPERATURE

¿A cuántos grados estamos?
What's the temperature?
uots dze témpricha

Estamos a 22 grados centígrados.
It's 22 degrees centigrade.
its tuéntitu digrís séntigreid

Vocabulario

milímetro
millimetre
mílimita

centímetro
centimetre
séntimita

decímetro
decimetre
désimita

metro
metre
mita

kilómetro
kilometre
kilómita

milla marina
nautical mile
nóoticol mail

metro cuadrado
square metre
scuee mita

kilómetro cuadrado
square kilometre
scuee kilómita

gramo
gram
gram

kilogramo
kilogram
kílogram

tonelada ton *tan*

litro litre *lita*

medio litro
half a litre
jaaf e lita

hectolitro
a hundred litres
e jándred litas

centímetro cúbico
cubic centimetre
kiúbic séntimita

metro cúbico
cubic metre
kiúbic mita

Equivalencias

1 **Pulgada** (inch) ≈ 25 mm.
1 **Pie** (foot) ≈ 30 cm.
1 **Yarda** (yard) ≈ 90 cm.
1 **Milla** (mile) = 1.609 m.
1 **Pinta** (pint) = aprox. 0,60 l.
1 **Galón** (gallon) = aprox. 4.50 l.
1 **Onza** (ounce) = aprox. 28 gr.
1 **Libra** (pound) = aprox. 450 gr.
1 **Piedra** (stone) = aprox. 6.300 gr.

Una manera sencilla de convertir millas en kilómetros y viceversa es aplicar las siguientes fórmulas. Naturalmente, el resultado es aproximado.

$$\frac{\text{Millas} \times 8}{5} = \text{Km} \qquad \frac{\text{Km} \times 5}{8} = \text{Millas}$$

CLIMA

¿Qué tiempo hace?
What's the weather like?
uots dze uedza laik

Está lloviendo.
It's raining.
its réinin

Está nevando.
It's snowing.
its snóuin

Está helando.
It's freezing.
its frísin

Va a hacer calor.
It's going to be hot.
its góuin tu_bi jot

Va a hacer buen tiempo.
It's going to be fine.
its góuin tu_bi fain

Hizo bueno.
It was fine.
it uos fain

Hizo frío.
It was cold.
it uos could

LOS COLORES

¿De qué color es...?
What colour's it...?
uot cálas is it

Es de color rosa.
It's pink.
its pinc

Lo prefiero en rojo.
I prefer it in red.
ai prefér_it in ret

Quiero un tono más claro.
I want a lighter shade.
ai uont a laita sheid

Vocabulario

amarillo	yellow	*yélou*	**gris**	grey	*grei*
azul	blue	*bluu*	**marrón**	brown	*braun*
blanco	white	*uait*	**malva**	mauve	*mouv*
negro	black	*blac*	**naranja**	orange	*órinch*
rojo	red	*ret*	**ocre**	ochre	*ouca*
verde	green	*griin*	**oscuro**	dark	*daak*
beige	beige	*beich*	**plateado**	silvery	*sílveri*
claro	light	*lait*	**rosa**	pink	*pinc*
crema	cream	*crim*	**salmón**	salmon	*sámun*
dorado	golden	*góulden*	**violeta**	violet	*váiolet*

EMERGENCIAS

Ayúdeme, por favor.
Help me, please.
jelp mi pliis

Busquen un médico.
Get a doctor.
guet e docta

¡Cuidado!
Be careful!
bi kéeful

Estoy enfermo.
I´m ill.
aim il

Estoy herido.
I´m injured.
aim íncheed

¡Dese prisa!
Hurry!
jari

Ha habido un accidente.
There's been an accident.
dzees_bin an ácsident

Llamen a una ambulancia.
Get an ambulance.
guet an ámbiulans

Estoy embarazada.
I'm pregnant.
aim prégnant
Soy alérgico a ...
I'm allergic to...
aim alérchic tu
Soy asmático.
I'm asthmatic.
aim asmátic
Soy diabético.
I'm diabetic.
aim daiabétic

Me han robado el bolso.
Someone's stolen my bag.
sámuans_stoulen mai bag
Soy inocente.
I'm innocent.
aim ínosent

Fuego	Fire	*faia*
Pare	Stop	*stop*
Peligro	Danger	*déincha*
Policía	Police	*polís*
Rápido	Quick	*cuik*
Socorro	Help	*jelp*

¡Por favor, vigile sus objetos personales!

Rótulos más frecuentes

BEWARE OF THE DOG **cuidado con el perro**
CAR PARK **aparcamiento**
CARS FOR HIRE **alquiler de coches**
CLOSED **cerrado**
COLD **fría (grifo)**
DANGER **peligro**
DO NOT TOUCH **no tocar**
EMERGENCY EXIT **salida de emergencia**
ENTRANCE/WAY IN **entrada**
ENTRANCE FREE (OF CHARGE) **entrada libre**
FIRE EXIT **salida de incendios**
FIRST-AID BOX **botiquín**
FIRST FLOOR **primer piso**
FISHING PROHIBITED **prohibido pescar**
FOR SALE **se vende**
FULL **completo/lleno**
GENTLEMEN/GENTS **caballeros (lavabos)**
GROUND FLOOR **planta baja**
HOT **caliente (grifo)**
KEEP AWAY **no acercarse**
KEEP OFF THE GRASS **prohibido pisar el césped**
KEEP OUT **prohibido el paso**
LADIES **señoras (lavabos)**
MIND THE STEP **cuidado con el escalón**
NO SMOKING **prohibido fumar**
OCCUPIED **ocupado**
OPEN **abierto**
PLEASE ENTER **entre sin llamar**
PRIVATE **privado**
PULL **tirar**
PUSH **empujar**
PUSH THIS BUTTON **pulse el botón**
PLEASE RING THE BELL **llame al timbre**
SWIMMING PROHIBITED **prohibido bañarse**
TO LET/FOR RENT **se alquila**
VACANT/FREE **libre**
WARNING **aviso**
WAY OUT/EXIT **salida**
WET PAINT **recién pintado**

ALOJAMIENTO

A nivel más popular (aquí ya no se habla de lujo sino de un relativo confort y precios más modestos) existen las **Guest Houses.** Son algo así como una especie de pensiones, generalmente regidas por una familia. No tienen restaurante. Sólo ofrecen alojamiento y desayuno. Algunas son encantadoras, bien cuidadas y con una atención muy cordial. Es una bonita experiencia si se sabe elegir bien. Suele haber muchas en los alrededores de las estaciones de ferrocarril o en barrios residenciales.

Tanto en Estados Unidos como en Gran Bretaña existe una excelente gama de hoteles, residencias, apartamentos, moteles, campings, guest houses, entre la que poder escoger y adaptable sin duda a cualquier gusto, necesidad o presupuesto.

Los hoteles de lujo son verdaderamente lujosos y provistos de todos los servicios que responden a esa categoría de alojamiento. Sin necesidad de acudir a este rango se pueden utilizar otros, de no tan alto nivel pero sí dotados de un gran sentido de la hospitalidad y confort.

En las grandes ciudades no solamente se encuentran hoteles en el centro de las mismas. Existen en todos los sectores así como en la periferia o en las proximidades de los aeropuertos, terminales aéreas, estaciones de ferrocarril, etc. Los precios y categorías de los hoteles varían mucho y están en función de muchos factores. Nada mejor que consultar una buena Guía de Hoteles o una agencia de viajes para recabar información tanto de tarifas como de situación, servicios y peculiaridades de cada establecimiento.

Muy populares son también los **Moteles,** que se encuentran generalmente fuera de las ciudades y ofrecen unas facilidades, sobre todo de aparcamiento, que un hotel del centro no podría ofrecer nunca.

Llenos de encanto y tipismo son los **Inns** (Posadas). Una estancia en un Inn de una ciudad pequeña es una deliciosa experiencia, que hace que el visitante se acerque al verdadero espíritu de la ciudad y al ambiente de su zona. Muy recomendable.

En los hoteles que tienen restaurante se suele comer bien. Tanto a las horas del almuerzo como de la cena se ven ocupados por clientes que no son necesariamente residentes en el hotel.

En Estados Unidos el desayuno no suele estar incluido en el precio de la habitación. En Gran Bretaña, sí. Hay dos tipos de desayuno:

Continental breakfast (Desayuno continental) consistente en café, té o chocolate, tostadas, un panecillo o bollo, mantequilla y mermelada, y el **English** o **American Breakfast**, que consta de huevos en varias presentaciones, pescado, salchichas, bacon, quesos, frutas, compotas, etc., además de los componentes de un desayuno continental. Es una verdadera comida.

En una gran cantidad de los hoteles de Gran Bretaña es muy frecuente en contrar en la habitación todo lo necesario para **preparar el té,** incluido un calentador de agua que consiste en una pequeña resistencia que se puede enchufar a la red eléctrica. A propósito, si se pretende utilizar cualquier tipo de aparato eléctrico propio, es necesario disponer de un adaptador para los enchufes utilizados en los países anglosajones.

Tanto en Gran Bretaña como en Estados Unidos existen grandes, monstruosas, cadenas de establecimientos hoteleros. Es muy conveniente al planificar un viaje hacer las reservas necesarias a través de estas cadenas que suelen tener hoteles en casi todas las ciudades. Debido a la gran demanda de alojamientos, es aconsejable hacer las reservas con la mayor antelación posible. Si se hacen individualmente, y no a través de una agencia de viajes suelen pedir el prepago o un depósito para formalizar las reservas.

BUSCANDO ALOJAMIENTO

¿Hay algún hotel cerca de aquí?
Is there a hotel near here?
is dzer_e joutél nia jia

¿Hay alguna pensión cerca de aquí?
Is there a bed and breakfast near here?
is dzer_e bed an brécfast nia jia

¿Podría recomendarme un buen hotel?
Could you recommend a good hotel to me?
cud_yu recoménd a gud joutél tu mi

¿Podría recomendarme una pensión barata?
Could you recommend a cheap bed and breakfast?
cud_yu recoménd a chip bed an brécfast

¿Podría indicarme un hotel en una zona tranquila?
Could you show me where there's a hotel in a quiet area?
cud_yu shou mi uee dzes e joutél in e cuáiet éria

Vocabulario

almohada
pillow
pílou

alojamiento
accomodation
acomodéishun

apartamento
appartment
apáatment

ascensor
lift
lift

botones
porter
poota

bungalow
bungalow
bángalou

Vocabulario

caja fuerte safe *seif*
cama bed *bed*
cama supletoria spare bed *spee bed*
camarera/-o waitress/waiter *uéitris/ueita*
camping campsite *campsait*
casa particular private house *práivit jaus*
categoría category *cátegri*
cena supper *sapa*
colchón matress *mátris*
comida lunch *lanch*
conserje doorman *dooman*
cuarto de baño bathroom *báazrum*
cuenta bill *bil*
cuna cot *cot*
desayuno breakfast *brécfast*
director manager *mánicha*
doncella maid *meid*
dormitorio bedroom *bétrum*
ducha shower *shaua*
funda de almohada pillow case *pílou keis*
habitación room *rum*
— con agua corriente with running water *uidz ránin uoota*
— con balcón with a balcony *uidz e bálconi*
— con baño/ducha with a bath/shower *uidz e baaz shaua*
— con cama de matrimonio with a double bed *uidz e dabol bed*
— con terraza with a balcony *uidz e bálconi*
— doble double room *dábol rum*
— exterior exterior room *ecstíria rum*
— interior interior room *intíria rum*
— con vistas with a view *uidz e viú*
— sencilla single room *síngol rum*
— tranquila quiet room *cuáiet rum*
hotel hotel *joutél*
llave key *kii*
manta blanket *blánket*
media pensión half board *jaaf bood*
motel motel *moutél*
pensión guest-house *guest jaus*
pensión completa full board *ful bood*
planta (piso) floor *floo*
portero doorman *dooman*
recepción reception *risépshun*
recepcionista receptionist *risépshunist*
registrarse book in *buk in*
reserva reservation *resevéishun*
restaurante restaurant *réstront*
sábana sheet *shit*
salón lounge *launch*
servicio service *séevis*
— de habitaciones room service *rum séevis*
temporada alta high season *jai síson*
— baja low season lou síson
vestíbulo hall *jool*

Rótulos más frecuentes

BAR **bar**
CLOSED **cerrado**
DINING ROOM **comedor**
DON'T DISTURB
no molestar
EMERGENCY EXIT
salida de emergencia
FIRE EXTINGUISHER
extintor de incendios
FLOOR **planta**
FULL **completo**
HIGH SEASON **temporada alta**
LOW SEASON **temporada baja**
OPEN **abierto**
PAY IN ADVANCE
pago por adelantado
RECEPTION **recepción**
ROOM **habitación**
ROOM SERVICE
servicio de habitaciones
TELEPHONE **teléfono**
TOILETS **servicios**

EL HOTEL

En la recepción

Quisiera una habitación para dos personas.
I'd like a room for two, please.
aid laik e rum fo tu pliis
He reservado una habitación sencilla.
I've made a reservation for a single room.
aiv meid e resevéishun for_e síngol rum
¿Hay alguna habitación libre?
Are there any vacancies?
aa dzer_eni véikensis
Lo siento, está completo.
I'm sorry we're full.
aim sori uir ful
¿Ha hecho Ud. reserva?
Have you made a reservation?
jav_yu meid e resevéishun
No he hecho reserva.
I haven't made a reservation.
ai jávent meid e resevéishun
¿Cuánto tiempo van a quedarse?
How long are you going to stay?
jau lon a_yu góuin tu stei
Una noche.
One night.
uan_nait
¿Podría enseñarme otra habitación?
Could you show me another room, please?
cud_yu shou mi anádza_rum pliis

¿Podemos ver la habitación?
Could we see the room, please?
cud_ui si dze rum pliis
¿Pueden poner una cama supletoria?
Could you put a spare bed in it, please?
cud_yu put e spee bed in it pliis
¿Hay agua caliente?
Has it got hot water?
jas it got jot uoota
¿Hay aire acondicionado?
Has it got air conditioning?
jas it got ee condíshonin
¿Tiene baño?
Has it got a bath.
jas it got e baaz
Es demasiado fría.
It's too cold.
its tuu could
Es demasiado oscura.
It's too dark.
its tuu daak
Es demasiado ruidosa.
It's too noisy.
its tuu nóisi

El precio

¿Cuál es el precio por noche?
How much is it per night?
jau mach is it pe nait
¿Está incluido el desayuno?
Is breakfast included?
is brécfast inclúdid
¿Está incluido el servicio?
Is room service included?
is rum séevis inclúdid
Sí, el servicio está incluido.
Yes, room service is icluded.
yes rum séevis is inclúdid

¿Cuál es el precio por 3 días?
How much is it for 3 days?
jau mach is it fo zri déis
¿Es pensión completa?
Is it full board?
is_it ful bood
¿Es media pensión?
Is it half board?
is_it jaaf bood?
¿Cuánto paga el niño?
How much is it for a child**?**
jau mach is it for e chaild

El registro

Por favor, rellene esta ficha.
Fill this form in, please.
fil dzis foom in pliis

Firme aquí, por favor.
Sign here, please.
sain jia pliis
¿Cuál es mi habitación?
Which is my room?
uich is mai rum
Es la 345, en el tercer piso.
It's number 345, on the third floor.
its namba 345 on dze zeed floo
Su pasaporte, por favor.
Your passport, please.
yo páaspoot pliis
Yo rellenaré su ficha.
I'll fill in your form.
ail fil in yo foom
Aquí tiene su llave.
Here's your key.
jias yo ki
El mozo le subirá el equipaje.
The porter will take your luggage up for you.
dze poota uil teik yo lágich ap fo yu

El equipaje

¿Pueden llevar mi equipaje a la habitación?
Could you take my luggage to my room?
cud_yu teik mai lágich ap tu mai rum
¿Dónde está mi equipaje?
Where's my luggage?
uees mai lágich

¿Pueden recoger mi equipaje?
Could you collect my luggage?
cud_yu coléct mai lágich
¿Puedo dejar aquí mi equipaje?
Can I leave my luggage here?
can_ai liv mai lágich jia

Información y servicios

La llave, por favor.
Can I have my key, please?
can_ai jav mai ki pliis
La número 345, por favor.
Number 345, please.
namba 345 pliis
¿Ha preguntado alguien por mí?
Has anybody asked for me?
jas énibody aaskt fo mi
¿Me ha telefoneado el señor Brown?
Has Mr Brown telephoned me?
jas mista braun télifound mi

¿Hay algún recado para mí?
Are there any messages for me?
aa dzer_eni mésichis fo mi
¿Podrían despertarme mañana a las 8?
Could you wake me up tomorrow at 8 o'clock?
cud_yu ueik mi ap tumórou at eit oclok
¿Tienen caja fuerte?
Have you got a safe?
jav_yu got e seif
¿Puedo dejarle mi dinero?
Can I leave my money with you?
can_ai liv mai mani uidz yu
Estoy esperando una llamada.
I'm expecting a phone call.
aim icspectin e foun cool
Estaré en el bar.
I'll be in the bar.
ail bi in dze baa

Servicio de habitaciones

Hay una llamada para Ud.
There's a phone call for you.
dzees e foun cool fo yu
No se retire, por favor.
Wait a moment, please.
ueit e moument pliis
Por favor, tráigame un sandwich.
Could you bring me a sandwich, please?
cud_yu brin mi e sanduich, pliis
¿Puede limpiar esto?
Could you clean this for me, please?
cud_yu clin dzis fo mi pliis
¿Quién es?
Who is it?
ju is it
¡Un momento, por favor!
Wait a moment, please!
ueit e moument pliis
¿Puede enviar esto a lavar?
Could you get that washed for me?
cud_yu guet dzat uosht fo mi
¿Cuándo estarán listas?
When will they be ready?
uen uil dzei bi rédi

Las necesito mañana por la tarde.
I need them tomorrow afternoon.
ai nid zem tumórou aaftenún
Está aquí el señor Smith.
Mr. Smith is here?
mista smiz is jia
Dígale que bajo enseguida.
Tell him that I'll go down in a minute.
tel jim dzat ail gou daun in e minit
Dígale que suba.
Tell him to come up.
tel jim tu cam ap
¡Pase! Come in! *cam_in*
¿Cómo funciona esto?
How does this work?
jau das dzis ueek
¿Qué voltaje hay aquí?
What's the voltage here?
uots dze vóultich jia?
¿Puede subirnos la cena a la habitación?
Could you bring our supper to our room, please?
cud_yu briin aua sápa tu aua rum pliis

Quejas y dificultades

¿Puede Ud. arreglarlo?
Could you mend this, please?
cud_yu mend zis pliis
Se ha fundido la bombilla.
The bulb's blown.
dze balbs bloun
No funciona la calefacción.
The heating doesn't work.
dze jítin dásent ueek
El lavabo está atascado.
The toilet's blocked.
dze tóilits bloct
No hay agua caliente.
There's no hot water.
dzees nou jot uoota
Hay demasiado ruido.
It's too noisy.
its tu noisi
El ascensor no funciona.
The lift doesn't work.
dze lift dásent ueek
La ventana no abre.
The window doesn't open.
dze uíndou dásent óupen
La ventana no cierra.
The window doesn't close.
dze uíndou dásent clous

Quisiera hablar con el director.
I'd like to talk to the manager.
aid laik tu took tu dze mánicha
La puerta del baño está bloqueada.
The toilet door is bloked.
dze tóilet doos blokt
He perdido las llaves.
I've lost my keys.
aiv lost mai kiis
Me he dejado las llaves dentro.
I left the keys inside.
ai left dze kiis insaid
Esta no es una habitación triple.
This isn't a triple room.
dzis ísen e trípe rum
Haga el favor de subir dos toallas.
Bring me two towels, please.
bring mi tu táuels pliis
Todavía no han subido mi equipaje.
My luggage isn't yet in the room.
mai lágich isent yet in dze rum

Al partir

¿Puede pedirme un taxi para mañana a las 9?
Could you get me a taxi for tomorrow at nine o'clock?
cud_yu guet mi e tacsi fo tumorou at nain oclok

Me marcho mañana.
I'm going tomorrow.
aim gouin tumórou
Prepáreme la cuenta, por favor.
Could you prepare my bill, please?
cud_yu prepee mai bil pliis

¿Puede alguien llevar mi equipaje a la estación?
Could you arrange for somebody to take my luggage to the station?
cud_yu eréinch fo sambódi tu teik mai lágich tu dze stéishun
Creo que hay un error en la cuenta.
I think there's a mistake in my bill.
ai zink dzes e mistéik in mai bil
Me cobra de más.
You're charging me too much.
yo cháachin mi tu mach
Me cobra de menos.
You're charging me too little.
yo cháachin mi tu lítol

¿Podría remitir el correo que reciba a esta dirección?
Could you send my mail to this address?
cud_yu send mai meol tu dzis adrés
¿Tiene Ud. un horario de trenes?
Have you got a train timetable?
jav_yu got e trein táimteibol
¿Cuándo sale el próximo autobús para Bristol?
When's the next bus to Bristol?
uens dze nekst bas tu Bristol
Ha sido una estancia muy agradable.
I've had a very pleasant stay.
aiv jad e veri plésent stei

CÁMPING

Dado que el hábito de hacer camping es una actividad muy popular, hay una gran variedad de estos establecimientos, en general muy buenos y excelentemente dotados de todo tipo de instalaciones. Sería bueno consultar con guías especializadas donde se puede recabar todo tipo de información en cuanto a categorías, situación, horarios, condiciones, tarifas, etc. En cualquier oficina de British Tourist Authority y en la dirección http://www.visitbritain.com tienen este tipo de documentación.

Rótulos más frecuentes

PROHIBIDO ACAMPAR
NO CAMPING

PROHIBIDO APARCAR
NO PARKING

¿Hay algún camping por aquí?
Is there a campsite near here?
is dzer_e campsait nia jia
¿Podemos acampar aquí?
Can we camp here?
can ui camp jia
¿Hay plazas libres para un coche y dos tiendas?
Is there any space for a car and two tents?
is dzer_eni speis for e caa an tu tents
¿Cuánto cuesta por día y persona?
How much is it per day and per person?
jau mach is it pee dei an pee peeson
¿Podemos poner aquí nuestra roulotte?
Can we put our caravan here?
can ui put aua cáravan jia
¿Puedo aparcar aquí?
Can I park here?
can ai paak jia
¿Hay algún enchufe por aquí?
Is there a plug near here?
is dzer_e plag nia jia
¿Dónde están los servicios?
Where are the toilets?
uer a dze tóilits
¿Hay agua corriente?
Is there any drinking water?
is dzer_eni drínkin uoota
¿Podemos encender fuego?
Can we light a fire?
can ui lait e faia
¿De qué servicios disponen?
What sort of amenities have you got?
uot soot ov amínitis jav_yu got
¿Hay duchas?
Are there any showers?
aa dzer_eni sháuas

¿Hay cerca alguna tienda de alimentación?
Is there a food shop nearby?
is dzer_e fud shop niabai
¿Hay cerca algún comercio?
Is there a shop nearby?
is dzer_e shop niabai
¿Hay algún supermercado cerca de aquí?
Is there a supermarket nearby?
is dzer_e súpemaakit niabai
Por favor, ¿le importaría dejarme la linterna?
Excuse me, could you lend me the torch?
ikskiús mi cud_yu lend mi dze tooch
Es sólo un momento.
I only need it for a moment.
ai ounli niid it for e móument
¿Dónde está el encargado?
Where's the person in charge? *uees dze peeson in chaach*
¿Cuánto tiempo van a quedarse?
How long are you going to stay?
jau long aa yu goin tu stéi
Pensamos estar diez días.
We're thinking of staying for ten days.
uia zinkin ov steyin fo ten deis
¿A qué hora cierra por la noche?
What time do you close at night?
uot táim du yu clous at náit
Cerramos a las 8 en punto.
We close at 8 o'clock.
ui clous at éit oclok
¿A qué hora abre por la mañana?
What time do you open in the morning?
uot táim du yu oupen in dze mooning
Abrimos a las 7.30.
We open at 7.30.
ui oupen at seven zéeti

Vocabulario

acampar
to go camping
tu gou cámpin
agua potable
drinking water
drínkin uoota
alquilar
to rent
tu rent
aparcar
to park
tu paak
bañarse
to go swimming
tu gou suímin
basura
rubbish
rábish
bidón
tank
tanc
bombona de gas
gas tank
gas tank
caravana/roulotte
caravan
cáravan
carnet de campista
membership card
mémbaship caad
categoría
class
claas
cocinar
to cook
tu cuc
cuerda
string
strin
ducha
shower
shaua
encendedor
lighter
láita
enchufe
plug
plag
hacer fuego
start a fire
staat e faia
hoguera
fire
faia
hornillo
cooker
cuca
lámpara
light
lait
lavar
wash
uosh
mochila
rucksack
racsac
planchar
to iron
tu áion
registro
site office
sait ófis
reserva anticipada
booking
búkin
saco de dormir
sleeping bag
slípin bag
servicios
toilets
tóilits
tarifa de alquiler
rent
rent
tela impermeable
waterproof cloth
uootapruf cloz
tienda de campaña
tent
tent
utensilios de cocina
kitchen utensils
kichen yuténsils
vigilante
warden
uooden

EN EL RESTAURANTE

Pueden encontrarse todo tipo de restaurantes con la mayor variedad de ambientes y menús internacionales. Muy aconsejable es degustar una comida típicamente inglesa en cualquier ***pub*** con servicio de restaurante. Ahí se puede disfrutar de cualquiera de los típicos platos ingleses en su mejor ambiente. Sus ***pies*** (empanadas de carne, de cerdo o de riñones), sus asados de cordero o cerdo y su mundialmente famoso ***Roast beef with Yorkshire pudding.*** Todos estos platos son servidos con una guarnición de verduras. Verduras frescas y excelentes pero tal vez no del gusto de un paladar no habituado ya que normalmente se presentan solamente hervidas con agua, sin otro aderezo.

El ***Fish and Chips*** es otra popular especialidad. Sobre todo los viernes. Se trata de pescado rebozado, con patatas fritas. Hay establecimientos que se dedican solamente a esta especialidad. Y las ensaladas. Y el salmón escocés o el lenguado de Dover ***(Dover sole).*** ¿Y un postre típico? ***Apple pie with custard.*** Es una empanada de manzana servida con una natilla caliente.

Para comidas rápidas se pueden encontrar lugares como los autoservicios de los grandes almacenes, ***Coffee shops,*** cafeterías, ***Steak Houses,*** cuya especialidad son las carnes, etc.

El horario habitual de los restaurantes es, para los almuerzos, de 12 h hasta las 13.30 h, aproximadamente. Por la tarde se empiezan a servir las cenas a eso de las 18.30 h hasta las 21 h. No obstante, en cafeterías y establecimientos similares se puede comer a otras horas sin dificultad. Algunos funcionan hasta 24 horas.

No todos los restaurantes tienen licencia para la venta de bebidas alcohólicas. Debe consultarse antes. Normalmente esta información está bien indicada y a la vista del público.

BUSCANDO RESTAURANTE

¿Podría indicarme un buen restaurante?
Could you tell me where there's a good restaurant?
cud_yu tel mi uee dzees e gud réstront

¿Podría indicarme un restaurante barato?
Could you tell me where there's a cheap restaurant?
cud_yu tel mi uee dzees e chip réstront

Quiero reservar una mesa para dos personas.
I'd like to reserve a table for two people.
aid laik tu riséev e téibol fo tu pípol

Quiero reservar una mesa para las 8 de esta noche.
I'd like to reserve a table for 8 o'clock tonight.
aid laik tu riséev e téibol fo éit oclok tunáit

¿A qué nombre?
What's the name?
uots dze neim
¿A qué hora cierran?
What time do you close?
uot taim du_yu clous
Tengo hambre.
I'm hungry.
aim jángri

AL LLEGAR

Buenos días, ¿tienen mesa libre para dos?
Hello. Have you got a table for two?
jélou jav_yu got e téibol fo tu
¿Está libre esta silla?
Is this chair free?
is dzis chee fri
¡Camarero!
Waiter!
uéita
¡Camarera!
Waitress!
uéitris
Por favor, la carta.
Could I have the menu?
cud_ai jav dze meniu
Por favor, la carta de vinos.
Could I have the wine list, please?
cud_ai jav dze uain list pliis
¿Qué nos recomienda?
What would you recommend?
uot wud_yu recoménd
¿Tienen Uds. menú del día?
Have you got a set menu?
jav_yu got e set meniú
¿Puede darnos una mesa junto a la ventana?
Could you give us a table next to the window?
cud_yu guiv as e téibol neks tu dze uíndou
¿Puede darnos una mesa cerca del escenario?
Could you give us a table near the stage?
cud_yu guiv as e téibol nia dze steich

¿Hay algún restaurante por aquí?
Is there a restaurant nearby?
is dzer_e réstront niabai

¿Dónde están los servicios?
Where are the toilets?
uer_a dze tóilits
Queremos comer algo.
We'd like to eat something.
uid laik tu iit sámzin
Queremos algo de beber.
We'd like something to drink.
uid laik sámzin tu drink
¿Puede traer agua?
Could you bring some water?
cud_yu brin sam uoota
¿Puede traer unos tenedores?
Could you bring some forks? *cud_yu brin sam fooks*
Tenemos prisa.
We're in a hurry.
uir in e jári
¿Qué nos pueden servir sin esperar?
What can you whip up for us?
uot can yu uip_ap for as
¿Tiene Ud. cordero?
Have you got any lamb?
jav_yu got éni lam
¿Puede recomendarnos un vino de la zona?
Can you recommend us a local wine?
can_yu recoménd as e loucol uain

¿Puede recomendarnos una especialidad de la casa?
Can you recommend us one of your specialities?
can_yu recoménd as uan ov yo speshiálitis

Por favor, me he manchado la camisa.
Excuse me, I have spilt something on my shirt.
icskiús mi ai jav spilt sámzin on mai sheet

LA VAJILLA

abrebotellas
bottle opener
bótol óupena
azucarero
sugar shaker
shúga sheika

bandeja	tray	*trei*
botella	bottle	*botol*
cenicero	ashtray	*ashtrei*
copa	glass	*glaas*

— de champán
champagne glass
shampéin glaas
— de coñac
brandy glass
brandi glaas

— de vino	wine glass	*uain glaas*
cubiertos	cutlery	*cátleri*
cuchara	spoon	*spun*
cucharilla	teaspoon	*tíspun*
cuchillo	knife	*naif*
fuente	dish	*dish*
jarra	jug	*chag*

jarra de agua
jug of water
chag ov uoota

mantel	tablecloth	*téibulcloz*
pala	scoop	*scup*
palillos	toothpicks	*túzpics*
pimentero	pepperpot	*pépapot*
plato	plate	*pleit*
— hondo	soup dish	*sup dish*
— llano	dinner plate	*dina pleit*

sacacorchos
corkscrew
cóokscru

salero	saltcellar	*sóoltsela*
salsera	sauce boat	*soos bout*
servilleta	serviette	*seeviét*
taza	cup	*cap*
tazón	bowl	*boul*
tenedor	fork	*fook*
vaso	glass	*glaas*

vinagreras
cruet stand
cruit stand

PARA ENTENDER LA CARTA

Debido a la dificultad que presentan los términos gastronómicos, en algunos de los apartados que siguen y con el objeto de facilitar la localización de los términos más frecuentes en las cartas de los restaurantes, se ofrecen excepcionalmente **en primer lugar los términos ingleses** ordenados alfabéticamente pero se mantienen las características tipográficas: es dercir, los términos ingleses en texto normal, los castellanos en negrita y la transcripción fonética en cursiva.

PREPARACIONES

baked **al horno** *beikt*
batter **masa** *báta*
boiled **hervido** *boild*
chopped **picado** *chopt*
coated in oil **rehogado** *cóutid in oil*
seasoning **especias** sísonin
cold **frio** *could*
cooked on low heat
cocido a fuego lento
cukt on lou jit
done in breadcrumbs
empanado
dan in brédcrams
done to a turn
en su punto
dan tu_e teen
dry **seco** *drai*
flambé **flambeado** *flambé*
fresh **fresco** *fresh*
fried **frito** *fraid*
fried in breadcrumbs
rebozado
fraid in brédcrams
grated **gratinado** *greitid*
grilled **a la parrilla** *grild*
grilled **a la brasa** *grild*
half-boiled
pasado por agua
jaaf boild
hot **caliente** *jot*
in a sauce **en salsa** *in e soos*
in its own ink
en su tinta
in its oun ink
in its own juices
en su jugo
in its oun chúsis
in vinegar **en vinagre** *in víniga*
juicy **jugoso** *chúsi*
pickled **adobado** *pícold*
poached **escalfado** *poucht*
pressure cooked
al vapor
présha cuct
rare **poco hecho** *ree*
roasted **asado** *róustid*
salted **salado** sóoltid
sauté **salteado** *souté*
seasond **sazonado** *sísond*
smoked **ahumado** *smoukt*
soft **tierno** *soft*
stew **guisado** *stiu*
stewed **estofado** *stiuud*
stuffed **relleno** *staft*
well done **muy hecho** *uel dan*
with white sauce
con bechamel
uidz uait soos
with mayonnaise
con mayonesa
uidz meonéis

PARA PEDIRLO COMO UD. DESEA

ahumado smoked *smoukt*
a la brasa grilled *grild*
a la plancha grilled *grild*
al horno baked beikt
al vapor
pessure cooked
presha cuct
asado roast *roust*
caliente/muy caliente
hot/very hot
jot/veri jot
cocido cooked *cuct*
con poca sal/sin sal
with a little bit of/without salt.
uidz e litul bit ov/uidzáut soolt
crudo raw *roo*
en su punto
done to a turn
dan tu e teen
frío cold *could*
muy frío very cold *veri could*
frito fried *fraid*
hervido boiled *boild*
muy hecho well done *ueldan*
pasado por agua
part-boiled
paat boild
poco hecho rare *ree*
salado salted *sóoltid*

LOS INGREDIENTES

bay-leaf	**laurel**	*béilif*
butter	**mantequilla**	*báta*
capers	**alcaparras**	*kéipas*
cinnamon	**canela**	*sínemon*
fennel	**hinojo**	*fénil*
garlic	**ajo**	*gáalik*
herbs	**hierbas**	*jeebs*
honey	**miel**	*jáni*
lard	**manteca**	*laad*
lemon	**limón**	*lémon*
marjoram	**orégano**	*máacheram*
marmalade/jam	**mermelada**	*máameleid/dcham*
mayonnaise	**mayonesa**	*meonéis*
mint	**hierbabuena**	*mint*
mustard	**mostaza**	*másted*
oil	**aceite**	*oil*
olives	**aceitunas**	*ólivs*
onion	**cebolla**	*ánion*
paprika	**pimenton**	*paprika*
parsley	**perejil**	*páasli*
pepper	**pimienta**	*pépa*
pepper	**pimiento**	*pépa*
pink sauce	**salsa rosa**	*pink soos*
radish	**rábano**	*rádish*
raisins	**pasas**	*réisins*
salt	**sal**	*soolt*
sauce	**salsa**	*soos*
spices	**especias**	*spáisis*
spring onions	**cebolletas**	*sprín_anion*
sugar	**azúcar**	*shuga*
tartar sauce	**salsa tártara**	*taata soos*
tomato ketchup	**salsa de tomate**	*tomáatou soos*
vinegar	**vinagre**	*vínega*

PUEDE UD. TRAERNOS

aceite	oil	*oil*
azúcar	sugar	*shuga*
limón	lemon	*lémon*
mantequilla	butter	*bata*
margarina	margarine	*maacherín*
mayonesa	mayonnaise	*meonéis*
mermelada de naranja	marmalade	*máameleid*
mermelada (no de naranja)	jam	*cham*
miel	honey	*jáni*
mostaza	mustard	*másted*
pimienta	pepper	*pepa*
pimentón	paprika	*paprika*
sal	salt	*soolt*
salsa	sauce	*soos*
salsa de tomate	tomato ketchup	*tomáatou kétshap*
vinagre	vinegar	*vínega*

EL DESAYUNO

¿Qué desea tomar?
What would you like?
uot wud_yu laik
Tomaré un poco de té.
I'll have some tea.
ail jav sam ti

¿Puede traer café?
Could you bring some coffee?
cud_yu brin sam cofi
¿Puede darme más mermelada?
Could you give me some more jam?
cud_yu guiv mi sam moo cham?

Vocabulario

azúcar
sugar
shuga
bizcocho
cake
keik
bollo
bun
ban
café solo
black coffee
blac cófi
— con leche
white coffee
uait cófi
— con nata
coffee with cream
cófi uidz crim
— cortado
coffee with a little milk
cófi uidz e lítul milk
— descafeinado
decaffeinated coffee
dikáfineitid cófi
cereales
cereals
síriuls
desayuno
breakfast
brékfast
huevo(s)
egg(s)
ek(s)
— con bacon
eggs and bacon
eks an béikon
— escalfados
poached eggs
poucht eks
— fritos
fried eggs
fraid eks
— pasados por agua
part-boiled eggs
paat boild eks
— revueltos
scrambled eggs
scrámbold eks

leche
milk
milk
— fría
cold milk
could milk
— caliente
hot milk
jot milk
— con cacao
milk chocolate drink
milk chóclit drink
— condensada
condensed milk
condénst milk
mantequilla
butter
bata
mermelada
— de naranja
marmalade
máameleid
— de fresa
strawberry jam
stróobri cham
— de frambuesa
raspberry jam
ráasbri cham
— de limón
lemon jam
lémon cham
miel
honey
jáni

pan bread *bred*
panecillos
rolls
rouls
rebanada de pan
a slice of bread
e slais ov bred
salchichas
sausages
sósichis
té
tea
ti
— con leche
tea with milk
ti uidz milk
tostada
a piece of toast
e pis ov toust
zumo de frutas
fruit juice
frut_chus
— limón
lemon juice
lemon_chus
— naranja
orange juice
órinch_chus
— pomelo
grapefruit juice
gréipfrut_chus
— tomate
tomato juice
tomáatou_chus

LA CARTA

Para facilitar la lectura de la carta, se han ordenado alfabéticamente los términos ingleses. Pero si Ud. desea pedir, por ejemplo, un filete de ternera a la plancha sin sal, acuda al diccionario de las páginas finales y después consulte el apartado dedicado a la preparación.

ENTREMESES

anchovies	**anchoas**	*ánchovis*
aperitif	**aperitivo**	*aperitíf*
artichokes	**alcachofas**	*áatichouks*
asparagus	**espárrago**	*espáragus*
avocado	**aguacate**	*avocado*
hard boiled eggs	**huevos cocidos**	*jaad boild eks*
canapés	**canapés**	*canapés*
caviar	**caviar**	*cáviar*
cold meats	**fiambres**	*could mits*
cooked ham	**jamon cocido**	*cuct jam*
crab	**cangrejo de mar**	*crab*
crayfish	**cangrejo de rio**	*créifish*
croquettes	**croquetas**	crokéts
dried meat	**cecina**	*draid mit*
gherkins	**pepinillos**	*guéekins*
herring	**arenque**	*jérin*
hors d'oeuvres	**entremeses variados**	*oo deev*
king prawns	**langostinos**	*kin proons*
lobster	**langosta**	*lóbsta*
mackerel	**caballa**	*mácrol*
mayonnaise	**mayonesa**	*meonéis*
melon	**melón**	*mélon*
mussels	**mejillones**	*másels*
mushrooms	**champiñón**	*máshrums*
mushrooms	**setas**	*máshrums*
oisters	**ostras**	*óistas*
olives	**aceitunas**	*ólivs*
omelette	**tortilla**	*ómlit*
paté de foie	**foie-gras**	*paté de fua*
peppers	**pimiento**	*pépas*
prawns	**gambas**	*proons*
radishes	**rábanos**	*rádishis*
salami	**salchichón**	*saláami*
salmon (smoked)	**salmón(ahumado)**	*sámon*
salt ham	**jamón serrano**	*soolt jam*
sardines	**sardinas**	*saadíns*
shrimps	**quisquillas**	*shrimps*
snails	**caracoles**	*sneils*
striped tuna	**bonito**	*straipt tiuna*
stuffed olives	**aceitunas rellenas**	*staft ólivs*
tuna	**atún**	*tiuna*

Sopas

asparragus soup
sopa de espárragos
espáragus sup
bean soup
sopa de judías
bin sup

broth	**caldo**	*broz*
consommé	**consomé**	consomé

garlic soup
sopa de ajo
gáalik sup

julienne	**juliana**	*chúlien*

leak soup
sopa de puerros
lik sup
mushroom soup
sopa de champiñón
máshrum sup
onion soup
sopa de cebolla
ánion sup
pea soup
sopa de guisantes
pi sup

Pastas

cannellonis	**canelones**	*canelónis*
lasagne	**lasaña**	*lasañ*

macaroni
macarrones
macaróuni
noodles
fideos/tallarines
núdols

ravioli	**raviolis**	*raviouli*
spaghetti	**espaguetis**	*spaguéti*

Verduras y Legumbres

artichokes	**alcachofas**	*aatichouks*
asparragus	**espárragos**	*espáragus*
aubergine	**berenjena**	*óubechin*
beetroot	**remolacha**	*bítrut*
broad beans	**habas**	*brood bins*
broccoli	**brécol**	*brócoli*

Brussels sprouts
coles de bruselas
brásel sprauts
butter beans
judiones
báter bins

cabbage	**col/repollo**	*cábich*
carrots	**zanahorias**	*cárots*
cauliflower	**coliflor**	*cóliflaua*
celery	**apio**	*séleri*
chickpeas	**garbanzos**	*chíkpis*
chicory	**achicoria**	*chíkori*
corn	**maiz**	*coon*
courgette	**calabazin**	*cooshét*
cucumber	**pepino**	*kiúkamba*

endives
endibias/escarola
éndivs

fennel	**hinojo**	*fenil*
garlic	**ajo**	*gáalik*

green beans
judías verdes
grin bins

kidney beans	**alubias**	*kídni bins*
leaks	**puerros**	*liks*
lentils	**lentejas**	*léntils*
lettuce	**lechuga**	*létis*
mushrooom	**champiñón**	*máshrum*
onion	**cebolla**	*ánion*
parsley	**perejil**	*páasli*
peas	**guisantes**	*piis*
peppers	**pimientos**	*pépas*
potatoes	**patatas**	*potéitous*
radishes	**rábanos**	*rádishis*

red cabbage
lombarda
red cábich
rice
arroz
rais
soja sprouts
brotes de soja
sóya sprouts
spinach **espinacas** *spínich*

spring onion
cebolleta
sprin ánion
tomatoes
tomates
tomáatous
turnips
nabos
téenips
water cress **berros** *uóota kres*

Huevos

eggs and bacon
huevos con bacon
eks and béicon
fried eggs
huevos fritos
fraid eks
ham and eggs
huevos con jamón
jam and eks
hard boiled eggs
huevos duros
jaad boild eks

omelette
tortilla
ómlit
part boiled eggs
huevos pasados por agua
paat boild eks
poached eggs
huevos escalfados
poucht eks
scrambled eggs
huevos revueltos
scrámbold eks

Pescados y Mariscos

anchovies **anchoas** *ánchovis*
angler **rape** *ángla*
bass **lubina** *bas*
bream **besugo** *brim*
carp **carpa** *caap*
caviar **caviar** *cáviaa*
clams **almejas** *clams*
cod **bacalao** *cod*
cockles **coquinas** *cókels*
conger eel **congrio** *cóngar_il*
crabs **cangrejos** *crabs*
crayfish
cangrejos de río
créifish
fish **pescado** *fish*
dory **gallo** *dóori*
goose barnacle
percebes
gus báanacol
grey mullet **mújol** *grei málet*
grouper **mero** *grúpa*
hake **merluza** *jeik*
herring **arenque** *jérin*

king prawns
langostinos
kin proons
lamprey **lamprea** *lámprei*
lobster **langosta** *lóbsta*
mackerel **caballa** *mácrol*
mussels **mejillones** *másols*
oysters **ostras** *óistes*
perch **perca** *peech*
pike **lucio** *paik*
prawns **gambas** *proons*
red mullet **salmonete** *red málet*
salmon **salmón** *sámon*
sardines **sardinas** *sáadins*
scallop **vieira** *scálop*
sea shrimps
camarones/quisquillas
si shrimps
shark **tiburón** *shaak*
shell fish **marisco** *shel fish*
skate **raya** *skeit*
sole **lenguado** *soul*
squid **calamares** *skuid*

tench	**tenca**	*tench*
trout	**trucha**	*traut*
tuna	**atún/bonito**	*tiuna*
turbot	**rodaballo**	*téebot*
turtle	**tortuga**	*téetol*
whiting	**pescadilla**	*uáitin*

CARNES

bacon	**tocino**	*béicon*
beef	**vaca**	*bif*
breast	**pechuga**	*brest*
brisket	**falda**	*brískit*
chiken	**pollo**	*chíken*
chop	**chuleta**	*chop*
cutlet	**costilla**	*cátlit*
duck	**pato**	*dak*
escalope	**escalope**	*escalop*
hamburger **hamburguesa** *jámbeega*		
ham	**jamón**	*jam*
hare	**liebre**	*jeer*
kidney	**riñones**	*kídni*
lamb	**cordero**	*lamb*
leg	**pata**	*leg*
leg	**pierna**	*leg*
liver	**hígado**	*líva*
loin	**lomo**	*loin*
meat balls	**albóndigas**	*mít bools*
minced meat **carne picada** *mins mit*		
mutton	**carnero**	*máten*
pork	**cerdo**	*pook*
poultry **aves de corral** *poultri*		
rabbit	**conejo**	*rábit*
ragout	**ragú**	*ragu*
ribs	**costillas**	*ribs*
roast beef	**rosbif**	*roustbif*
roast pig	**cochinillo**	*roustpig*
salami	**salchichón**	*salami*
sausages	**salchichas**	*sosich*
shouder blade	**paletilla**	*shouda bleid*
sirloin	**solomillo**	*séeloin*
smoked ham **jamón ahumado** *smokt jam*		
steak	**filete**	*steik*

stew	**estofado**	*stiu*
thigh	**muslo**	*zái*
tongue	**lengua**	*tang*
turkey	**pavo**	*táaki*
veal	**ternera**	*viil*

PLATOS DE CARNE

chilli
(carne picada con judías pintas en salsa al tomate picante)
chili

roast beef with Yorkshire pudding
(masa de harina con leche y huevo)
roustbif uidz yóoksha púdin

shepherd´s pie
(carne en salsa bajo una capa de pure de patata)
shépads pai

steak and kidney pie
(carne de vaca con riñones bajo una capa de hojaldre)
steik an kidni pai

toad in the whole
(salchichas en masa de huevo y harina con salsa de tomate)
toud in dze joul

Ensaladas

cheese salad **de queso** *chis sálad*
endive salad
de endivias
éndiv sálad

green salad
de lechuga y pepino
grin sálad
mixed salad **mixta** *mikst sálad*

Postres

bread and butter pudding
budin de pan
bred and báta púdin
cream caramel
flan
crim cáramel
crumble
tarta de fruta con...
crámbol
crumb pastry
hojaldre en migas
crámb peistri
custard **natillas** kásted
flan **tarta** *flan*
fruit salad
macedonia *frut sálad*
ice cream **helado** *ais crim*
mousse (chocolate, orange...)
mousse
mus
pancakes **hojuelas** pánkeiks
pastries
pastas/pasteles
péistris

pie(apple,plum...)
tarta de... (manzana, ciruela...)
pai(ápol,plam..)
rice pudding
arroz con leche
rais púdin
soufflé **suflé** *suflé*
sponge pudding
budin
spanch púdin
stewed fruit
compota de fruta
stiud frut
trifle
tarta de fruta con...
tráifol
sponge cake **bizcocho** *spanch keic*

Frutas

almonds **almendras** *álmonds*
apple **manzana** *ápol*
apricots
albaricoques
éipricots
avocados **aguacates** *avocádos*
banana **plátano** *banáana*
blackberries
moras/zarzamoras
blácberis
blackcurrants
grosellas negras
blácarants
cherries **cerezas** *chéris*
chestnuts **castañas** *chésnats*
coconut **coco** *cóucanat*

dates **dátiles** *deits*
figs **higos** *figs*
grapefruit
pomelo/toronja
gréipfrut
grapes **uvas** *greips*
hazlenuts **avellanas** *jéisulnats*
lemon **limón** *lemon*
mandarin orange
mandarina
mándarin órinch
melon **melón** *mélon*
orange **naranja** *órinch*
peach **melocotón** *pich*
pear **pera** *pee*
peanuts **cacahuetes** *pínats*

pineapple	**piña**	*páinapol*
plums	**ciruelas**	*plams*
pumpkin	**calabaza**	*pámpkin*
quince	**membrillo**	*kuins*
raisins	**pasas**	*réisins*
raspberries	**frambuesas**	*ráasberis*
redcurrants	**grosellas rojas**	*rédcarants*
rhubarb	**ruibarbo**	*rúbaab*
strawberries	**fresas**	*stróoberis*
walnuts	**nueces**	*uóolnats*

QUESOS

blando	soft	*soft*
curado	cured	*kióod*
de untar	spread	*spred*
duro	hard	*jaad*
fresco	fresh	*fresh*
rallado	grated	*greitid*
tierno	soft	*soft*
tipo (parmesano/camembert...)	sort ...(parmesan/camembert...)	*soot...(parmesan/camembert)...*

Principales quesos de Gran Bretaña

Cambezola	kembesoula
Cheddar	*chéda*
Cheshire	*chésha*
Cottage cheese	*cótich chis*
Gloucester	*glósta*
Red Leicester	*red lesta*
Stilton	*stílton*
Wensleydale	*uénslideil*

LA CARTA DE BEBIDAS

Vinos

abocado	smooth	*smudz*
ácido	sharp	*shaap*
afrutado	fruity	*frúti*
añejo	mellow	*mélou*
blanco	white	*uait*
bodega	wine cellar	*uain séla*
brut	brut	*brut*
champán	champagne	*shampéin*
clarete	claret	*claret*
cosecha	vintage	*víntich*
dulce	sweet	*suit*
grado	degrees	*digrís*
joven	young	*yang*
ligero	light	*lait*
moscatel	sweet white	*suit uait*
mosto	grape juice	*greip chus*
recio	full bodied	*ful bódid*
reserva	reserve	*riséev*
rosado	rosé	*rousé*
seco	dry	*drai*
suave	smooth	*smudz*
tinto	red	*red*

Cervezas

lata/botella de cerveza
can/bottle of beer
can/bótel ov bia

cerveza	beer/ale	*bia/eil*
— de barril	draught beer	*draaft bia*
— negra	stout	*staut*
— rubia	lager	*láaga*

vaso de cerveza
a glass of beer
e glas ov bia

Para pedir

BITTER *bíta*
cerveza amarga
BROWN ALE *braun éil*
cerveza muy oscura, dulce
LAGER *Laga*
cerveza rubía
STOUT *staut*
cerveza muy negra
REAL ALE *rial éil*
cerveza negra tradicional

A PINT OF BEER, PLEASE.
una pinta (= 0.568 litros) de cerveza, por favor
e páint ov bia pliis
HALF A PINT OF BEER PLEASE
media pinta de cerveza, por favor
jaf páint ov bia pliis

Bebidas alcohólicas

coñac	brandy/cognac	*brándi*
ginebra	gin	*chin*
licor	liqueur	*likiua*
ponche	punch	*panch*
ron	rum	*ram*
sidra	cider	*sáida*
vodka	vodka	*vodka*
whisky	whisky	*uíski*

Bebidas sin alcohol

agua mineral
mineral water
mínrol uóota
— con gas
sparkling water
spáaklin uóota
— sin gas
mineral water
mínrol uóota

batido	milk shake	*milk sheik*
gaseosa	fizzy water	*fisi uóota*
limonada	lemonade	*lemonéid*
naranjada	orangeade	*orinchéid*
soda	soda water	*souda uoota*
tónica	tonic	*tónik*
zumo	juice	*chus*

— de frutas
fruit juice
frut chus
— de limón
lemon juice
lémon chus
— de naranja
orange juice
órinch chus
— de pomelo
grapefruit juice
gréipfrut chus

QUEJAS Y RECLAMACIONES

Esto no es lo que yo he pedido.
I didn't ask for this.
ai dídent_aask fo dzis
¿Puede cambiarme esto?
Could you change this for me?
cud_yu cheinch dzis fo mi
El pescado no es fresco.
The fish isn't fresh.
dze fish ísent fresh
Este vino no está bien.
This wine doesn't taste right.
dzis uain dásent teist rait
Esta carne está poco hecha.
This meat is undercooked.
dzis mit is andecukt
Quiero ver al encargado.
I want to see the manager.
ai uon tu si dze mánicha
Esta carne está mal condimentada.
This meat is wrongly flavoured.
dzis mit is rongli flóived

No me gusta esto.
I don't like this.
ai dount laik dzis
Yo he pedido un solomillo.
I asked for a sirloin.
ai aaskt fo e seeloin
La carne huele mal.
The meat smells bad.
dze mit smels bad
Esto está demasiado amargo.
This is too bitter.
dzis is tu bita
Esto está demasiado caliente.
This is too hot.
dzis is tu jot
Este vino está picado.
This wine is off.
dzis uáin is of
Camarero, esta cuchara está sucia.
Waiter, this spoon is dirty.
ueita, dzis spun is deeti

caliente	hot	*jot*	**mal condimentado**		**salado**	salty	*soolti*
dulce	sweet	*suit*	wrongly flavoured		**soso**		
duro	hard	*jaad*	*rongli fléived*		tasteless		
frío	cold	*could*	**picante** strong	*strong*	*téistles*		

LA CUENTA

Por favor, la cuenta.
The bill, please.
dze bil pliis
¿Nos trae la cuenta, por favor?
Could you bring us the bill, please?
cud_yu brin_as dze bil pliis
Todo junto, por favor.
All together, please.
ool tuguéza pliis
Pagamos por separado.
We're paying separately.
uir peyin sépretli
Creo que hay un error.
I think there's a mistake.
ai zink dzes_e mistéik
Nosotros no hemos tomado esto.
We didn't have this.
ui dídent jav dzis

Quédese con la vuelta.
Keep the change.
kip dze cheinch
Esto es para Ud.
This is for you.
dzis is fo yu
¿Les ha gustado?
Did you like it?
did_yu laik it
La comida ha sido excelente.
The food was excellent.
dze fud uos écselent
Se ha olvidado de poner el vino.
You've forgotten to put the wine.
yuv fogóten tu put dze uáin
¿Está el servicio incluido?
Is the service included?
is dze seevis inclúdid

MEDIOS DE TRANSPORTE

Para que Ud. pueda entender los letreros, tablas de horarios, etc. en una estación de tren, en un metro o una estación de autobuses, se ofrece este listado de rótulos habituales. Aquéllos que son específicos de un medio de transporte se desarrollan en su apartado correspondiente

Rótulos más frecuentes

ARRIVAL	**Llegada**	OCCUPIED	**Ocupado**
CAFETERIA	**Cafetería**	PLATFORM	**Andén**
CUSTOMER INFORMATION	**Información**	POLICE	**Policía**
DELAY	**Retraso**	REGISTRATION	**Facturación**
DEPARTURE	**Salida**	RESTAURANT	**Restaurante**
DESTINATION	**Destino**	TELEPHONE	**Teléfono**
ENTRANCE	**Entrada**	TICKETS	**Billetes**
FARE	**Precio**	TICKET BOOTHS	**Taquillas**
FIRST-AID KIT	**Botiquín**	TICKETS ON SALE HERE	**Venta de billetes**
FREE	**Libre**	TIME	**Hora**
GATE	**Puerta**	TIMETABLE	**Horario**
LEFT-LUGGAGE OFFICE	**Consigna**	TOBACCO	**Tabacos**
LIFT	**Ascensor**	TOILETS	**Aseos**
MEETING/ASSEMBLY POINT	**Punto de encuentro**	WAITING ROOM	**Sala de espera**
		WARNING	**Aviso**

Vocabulario

aire acondicionado
air conditioning
ee_condíshonin
andén
platform
plátfoom
billete
ticket
tíkit
— de ida
single ticket
síngol tíkit
— de ida
one way ticket
uán uéi tíkit
— de ida y vuelta
return ticket
ritéen tíkit
cancelar el billete
cancel the ticket
cánsel ze tíkit
consigna
left-luggage office
left láguich ófis
destino
destination
destinéishun
enlazar/hacer transbordo
change
cheinch
equipaje
luggage
láguich
— de mano
hand luggage
jand láguich
estación
station *stéishun*
facturación
registration
rechistréishun

final de trayecto end of the line *end ov dze lain*	**parada** stop *stop*	**retraso** delay *diléi*
hora time *taim*	**pasajero (barco, avión)** passenger *pásincha*	**sala de espera** waiting room *uéitin rum*
horario timetable *táimteibol*	**precio** fare/price *feel/prais*	**salida** departure *dipáacha*
información information *infoméishun*	**puerta** gate *gueit*	**taquillas** ticket booths *tíkit buzs*
línea line *lain*	**punto de encuentro** meeting place *mítin pleis*	**viajero** passenger *pásincha*
llegada arrival *aráivol*		

Vocabulario

AUTOBÚS

El precio de los billetes de los autobuses urbanos ingleses varía en función de la distancia que se recorra y se establece en base a unas zonas claramente delimitadas. Existe un cobrador, o cobradora, dentro del autobús, que expende el billete por el importe de las paradas o itinerario que se le indique. La parte superior del autobús, si se trata de un vehículo de dos pisos, está reservada para fumadores.

Rótulos más frecuentes

BUS STOP	**Parada**	REQUEST STOP	**Parada solicitada**
ROUTE	**Línea**		

autobús	bus	*bas*	**estación de autobuses** bus station *bas steishun*
cobrador	conductor	*condácta*	
conductor	driver	*draiva*	

Vocabulario

¿Dónde está la estación de autobuses?
Where's the bus station?
uees dze bas stéishun

¿Dónde puedo coger un autobús?
Where can I catch a bus?
uee can_ai cach e bas

¿Cuándo pasa el próximo autobús para Picadilly?
When is the next bus to Picadilly?
uen is dze necst bas tu Picadíli

¿Qué autobús va a Oxford?
Which is the bus to Oxford?
uich is dze bas tu ócsfood

El número 20.
The number 20.
dze namba tuenti
¿Va este autobús a Boston?
Does this bus go to Boston?
das dzis bas gou tu Boston
Voy a Glasgow. ¿Puede avisarme cuando lleguemos?
I'm going to Glasgow. Could you tell me when we get there?
aim gouin tu glasgou cud_yu tel mi uen ui guet dzee
¿Cuánto cuesta el billete a Dover?
How much is a ticket to Dover?
jau mach is e tíkit tu dóuv
Pare en la próxima parada, por favor.
Stop at the next stop, please.
stop at dze necst stop pliis
Quiero un billete para Chicago.
I'd like a ticket to Chicago.
aid laik e tíkit tu chicaago
Deme mi equipaje, por favor.
Could you give me my luggage, please?
cud_yu guiv mi mai láguich, pliis
¿Tengo que cambiar de autobús?
Have I got to change buses.
jav_ai got tu cheinch basis

EL AVIÓN

Rótulos más frecuentes

AIRPORT **Aeropuerto**
BOARDING GATE **Puerta de embarque**
COMPANY **Compañía**
FASTEN YOUR SEAT-BELTS **Abróchense los cinturones**
FLIGHT **Vuelo**
FOREIGN CURRENCY **Cambio de moneda**
HOTEL RESERVATIONS **Reservas de hotel**
NATIONAL/ INTERNATIONAL TERMINAL **Terminal nacional/internacional**
NATIONAL/INTERNATIONAL FLIGHT **Vuelo nacional/internacional**
PASSENGERS WITH BOARDING CARDS ONLY **Sólo pasajeros con tarjeta de embarque**
PASSENGERS WITHOUT LUGGAGE **Pasajeros sin equipaje**
PASSPORT CONTROL **Control de pasaportes**
TOURIST/FIRST CLASS **Clase turista/preferente**
PLANE **Avión**

Vocabulario

aeropuerto
airport
éepoot
artículos libres de impuestos
duty free goods
diuti fri guds
aterrizar
to land
tu land
avión plane *plein*
azafata
air hostess
ee jóustes
chaleco salvavidas
life jacket
laif chákit
facturación
check-in
chékin
cinturón de seguridad
safety belt
seifti belt
clase turista
tourist class
tóorist claas

clase preferente first class *feest claas*	**escala** stopover *stópouva*	**piloto** pilot *pailot*
compañía aérea airline company *eelain cómpani*	**marearse** to feel sick *tu fil sik*	**tiempo de vuelo** flight duration *flait diuréishun*
despegar to take off *tu teik of*	**motor** motor *mouta*	**tripulación** crew *cru*
equipaje luggage *láguich*	**niebla** fog *fog*	**volar** to fly *tu flai*
— de mano hand luggage *jand láguich*	**paracaídas** parachute *párashut*	**vuelo charter** chartered flight *cháated flait*
		— regular regular flight *régyula flait*

Vocabulario

Pasajeros del vuelo 187 con destino Barcelona embarquen por puerta 3.
Passengers for flight 187 to Barcelona board at gate 3.
pásinchas fo flait 187 tu barcelona bood at gueit 3

¿Hay vuelo directo a Madrid?
Is there a direct flight to Madrid?
is dzer_e dairect flait tu madrid

¿Cuánto cuesta el billete?
How much is the ticket?
jau mach is dze tíkit

Quiero reservar un billete a Madrid, para el día 2, a las 8.
I'd like to reserve a ticket to Madrid, on the second, at 8 o'clock.
aid laik tu riseev e tíkit tu madrid on dze sécond at éit oclók

Puede darme algo contra el mareo?
Could you give me something for flight sickness?
cud_yu guiv mi sámzin fo flai síknes

¿Hay algún vuelo mañana para Nueva York?
Are there any flights tomorrow to New York?
aa dzer_eni flaits tumorou tu niuyook

¿Cuándo sale el próximo vuelo?
When is the next flight?
uen is dze necst flait

¿Cuántas horas de vuelo son?
How long is the flight?
jau lon is dze flait

¿Dónde hace escala?
Where does it stopover?
uee das it stopóuva

¿A qué hora debo presentarme?
What time should I register?
uot taim shud_ai réchista

Quiero cancelar una reserva.
I'd like to cancel a reservation.
aid laik tu cánsel e resevéishun

Vaya a la puerta de llegadas número 7.
Go to arrivals gate number seven.
gou tu araivals gueit namba seven.

¿A qué hora llega el avión procedente de Madrid?
What time does the plane from Madrid arrive?
uot taim das dze plein from madrid araiv

Hay un retraso de 2 horas.
There's a delay of two hours.
dzes_e dilei ov tu aues

¿Cuántos kilos de equipaje incluye el billete?
How much luggage can I take?
jau mach láguich can_ai teik

Tiene Ud. exceso de equipaje.
You're carrying excess luggage.
yoo cáriyin écses láguich

EL BARCO

bote de salvamento
lifeboat
láifbout
butaca seat *sit*
camarote
cabin
cabin
chaleco salvavidas
life-jacket
láif_chákit
clase class *claas*
— Primera clase
first class
feest claas
— clase turista
tourist class
tóorist claas
crucero
cruiser
cruuse
cubierta
deck
dek
desembarcar
to go ashore
tu gou ashoo
escala
port of call
poot ov cool
esclusa
airlock
éeloc
estribor
starboard
stáabood
litera berth *beez*
mar sea *sii*
mareado
seasick
sísik
popa stern *steen*
proa prow *prau*
puerto port *poot*
salón
lounge
launch
salvavidas
life buoy
laif_boi
zarpar
sail out of port
seil aut ov poot

¿A qué hora zarpa el barco para Calais?
What time does the boat for Calais sail?
uot taim das dze bout foo calé seil
Estoy buscando el camarote número 241.
I'm looking for cabin number 241.
aim lukin fo cabin namba tu jandred an fóoti uán
Quiero un pasaje para Dover.
I'd like a ticket to Dover.
aid laik e tíkit tu dóuva
Quiero un camarote doble.
I'd like a double cabin.
aid laik e dábol cábin
¿Hay un médico a bordo?
Is there a doctor on board?
is zer_e dokta on_bood
Estoy mareado.
I feel sick.
ai fil sik
¿A qué hora atracamos en Calais?
What time do we dock at Calais?
uot taim du ui doc at calé

METRO

Existen diferentes tarifas dependiendo del recorrido que se vaya a efectuar. Las zonas y tarifas se pueden ver en las máquinas expendedoras de billetes o en las taquillas. Hay descuentos especiales, como billetes de dos días de duración, de una semana, para estudiantes, turistas, etc.

Conviene asegurarse del destino del metro que se va a tomar, pues es posible que por un mismo andén pasen metros con diferentes destinos; lo mejor es consultar el tablero electrónico en el propio andén.

Rótulos más frecuentes

INTERCHANGE	**Correspondencia**	MAP	**Plano**
LINE	**Línea**	TO	**Dirección**

Vocabulario

línea line *lain*
metro underground *ándagraund*
transbordo change *cheinch*
vagón carriage *cárich*

¿Dónde está la estación de metro más próxima?
Where's the nearest underground station?
ues_dze níerest ándagraund stéishun

¿Cómo puedo llegar a Victoria?
How can I get to Victoria?
jau can_ai guet tu viktoria

Tome la línea central; haga transbordo en Oxford Circus.
Take the central line; change at Oxford Circus.
teik dze sentral lain cheinch at óksfudseekus

¿Va este metro a Hyde Park?
Does this line go to Hyde Park?
das dzis lain gou tu jáid paak

TAXI

Los taxis van equipados con un taxímetro que indica claramente el precio del servicio. Existen suplementos por transporte de equipaje, nocturnidad, etc... Debe consultarse en cada caso.

Es costumbre ofrecer una propina del 10 al 15 por ciento del total.

¿Dónde está la parada de taxis más cercana?
Where is the nearest taxi rank?
ues_dze níerest tacsi rank

Lléveme a Marble Arch.
Take me to Marble Arch.
teik mi tu maabel aach

Pare aquí, por favor.
Stop here, please.
stop jia pliis

Pare en el número 15, por favor.
Stop at number 15, please.
stop at namba fiftiín pliis

Tengo prisa.
I'm in a hurry.
aim in_e jari

Rótulos más frecuentes

SURCHARGE	TAXI RANK
Suplemento	**Parada de taxis**

TREN

Los servicios ferroviarios británicos son excelentes y de gran puntualidad y frecuencia. Existen tarifas especiales y bastante más económicas si se compra un billete para varios viajes sucesivos o si se compra un billete de ida y vuelta para el mismo día *(Day Return Ticket)*.

Rótulos más frecuentes

BERTHS
Literas
DINING CAR/DINER
Coche restaurante
EMERGENCY BRAKE
Freno de emergencia
INTERCITY TRAIN SERVICE
Largo recorrido
INTERNATIONAL
Internacional
LOCAL/SUBURBAN TRAIN
Cercanías
RAIL
Vía
TO THE TRAINS
Acceso a los andenes
TRAIN
Tren
SLEEPING CAR/SLEEPER
Coche cama

Vocabulario

vagón restaurante
dining car/diner
dáinin caa/daina
ferrocarril
railway
réiluei
jefe de estación
stationmaster
stéishunmaasta
litera
berth
beez
locomotora
engine
énchin
puerta del vagón
carriage door
cárich doo
rejilla del equipaje
luggage-rack
láguichrac
revisor
ticket inspector
tíkit inspécta
tren correo
mail train
meil trein
— de cercanías
suburban train
sabéeban trein
— de largo recorrido
intercity train
intasiti trein
— expreso
express train
ecsprés trein
— rápido
high speed train
jai spid trein
vagón
carriage
cárich

PARA PEDIR INFORMACIÓN

¿Dónde está la estación de ferrocarril?
Where's the railway station?
uees dze reiluei stéishun
¿Qué trenes hay a Londres?
What trains are there to London?
uot treins aa dzee tu lándun
¿Cuánto cuesta el billete?
How much is a ticket?
jau mach is e tíkit
¿Cuándo sale el primer tren a Londres?
When's the first train to London?
uens dze feest trein tu lándun
¿A qué hora llega a Londres?
What time does it arrive at London?
uot taim das it araiv at lándun
¿Qué clase de tren es?
What sort of train is it?
uot soot ov trein is it
¿Cuándo llega el tren de Liverpool?
When does the train from Liverpool arrive?
uen das dze trein from livepul araiv
¿Tiene literas?
Has it got berths?
jas it got beezs
¿Tiene bar?
Has it got a bar?
jas it got e baa
¿A qué andén llega el tren de Dover?
Which platform does the train from Dover come in at?
uich platfoom das dze trein from dóuva cam in at
¿Tiene parada este tren en Birmingham?
Does this train stop at Birmingham?
das dzis trein stop at béemingam
¿Pasa este tren por Edimburgo?
Does this train go through Edimburg?
das dzis trein gou zru édimbara
¿Cuánto paga un niño de dos años?
How much is it for a two year old child?
jau mach is it for e tuu yier ould chaild
¿Hay que hacer transbordo?
Do I have to change?
du_ai jav tu cheinch
¿Dónde? Where? *uee*
¿De qué andén sale el tren a Nueva Orleans?
Which platform does the train to New Orleans go from?
uich platfoom das dze trein tu niu oolíns gou from

PARA COMPRAR EL BILLETE

Quiero reservar un billete a Londres en el expreso de las ocho.
I'd like to reserve a ticket to London on the eight o'clock express?
aid laik tu riseev e tíkit on dzi eit ocloc ecsprés
Quiero dos billetes a Londres para un adulto y un niño de tres años.
I'd like two tickets to London, for an adult and a three year old child.
aid laik tu tuu tíkits tu lándun for an ádalt and e zri yier ould chaild

En la parte delantera.
At the front.
at dze frant
En la parte trasera.
At the back.
at dze bac
En la parte de en medio.
In the middle.
in dze mídol
¿Es éste el tren que va a Oxford?
Is this the train to Oxford?
is dzis dze trein tu óksfud
¿Es éste el tren que viene de Londres?
Is this the train from London?
is dzis dze trein from lándun
Por favor, ¿me lleva el equipaje al taxi?
Could you take my luggage to the taxi?
cud_yu teik mai láguich tu dze tacsi
Por favor, ¿me lleva el equipaje al tren que va a Cambridge?
Could you take my luggage to the Cambridge train?
cud_yu teik mai láguich tu dze kéimbrich trein

EN EL VAGÓN

Creo que éste es mi asiento.
I think this is my seat.
ai zink dzis is mai sit
¿Me permite pasar?
Excuse me.
icskiús_mi
¿Dónde está el vagón nº 27?
Where's carriage number 27?
ues cárich namba tuenti seven

EL AUTOMÓVIL

No se paga peaje en las autopistas. Éstas están dotadas de todos los servicios necesarios para un usuario: estaciones de servicio, lugares de descanso, restaurantes, tiendas, teléfonos de emergencia... Las distancias entre ciudades están señalizadas en millas (1 milla=1.609 m). En el caso del Reino Unido debe tenerse muy en cuenta que el tráfico rodado circula siempre por el lado izquierdo. El automovilista inglés, muy correcto en su conducción, extrema su atención cuando ve un vehículo con matrícula extranjera pues entiende sus posibles dificultades. No obstante conviene prestar la máxima atención a esta circunstancia.

PARA COMPRENDER LAS SEÑALES

Rótulos más frecuentes

BEWARE LIVESTOCK CROSSING **Cruce de ganado**
CAR PARK **Aparcamiento**
CROSSING **Cruce**
DANGER **Peligro**
DANGEROUS DOWNHILL SLOPE.CHANGE INTO LOW GEAR. **Descenso peligroso. Cambie a velocidad más baja**
DIVERSION **Desvío**
DRIVE SLOWLY **Conduzca despacio**
EXIT/WAY OUT **Salida**
GIVE WAY **Ceda el paso**
LEVEL CROSSING **Paso a nivel**
MAX.WEIGHT RESTRICTED **Peso limitado**
NO RIGHT/LEFT TURN **Prohibido girar a la derecha/izquierda**
NO THROUGH ROAD **Calle sin salida**
NO U TURNS **Prohibido girar en U**
ONE WAY ONLY **Vía de un solo sentido**
ONE WAY TRAFFIC AHEAD **Vía de un solo carril**
POLICE **Policía**
REDUCE YOUR SPEED NOW **Reduzca su velocidad**
REST AREA **Área de descanso**
ROAD NARROWS AHEAD **Estrechamiento de la calzada**
ROADWORKS AHEAD **Carretera en obras**
ROADWORKS ...MILES AHEAD **Obras en ...Km**
SPEED LIMIT ...MILES PER HOUR **Límite de velocidad...Km/h**
STOP **Pare**
UNEVEN ROAD SURFACE AHEAD **Firme en mal estado**
WAITING LIMITED **Estacionamiento limitado**
WAITING PROHIBITED **Prohibido aparcar**

EN LA ESTACIÓN DE SERVICIO

agua water *uoota*
— destilada distilled water *distíld uoota*
aire air *ee*
anticongelante antifreeze *ántifriis*
batería battery *bátri*
caja de cambios gearbox *guiabocs*
cámara de aire inner tube *ina tiub*
depósito de gasolina petrol tank *pétrol tank*
gasóleo diesel *dísol*
gasolina normal two/three star petrol *tu/zri staa pétrol*
— súper four star petrol *foo staa pétrol*
— sin plomo lead-free petrol *ledfri pétrol*
gasolinera garage/petrol station *gárich/pétrol steishun*
grasa grease *gris*

lata de gasolina
can of petrol
can ov pétrol
lavar wash *uosh*
líquido de frenos
brake fluid
breik fluid
neumático tyre *taia*
pinchazo
puncture
pánkcha
presión
pressure
presha

rueda wheel *uil*
— delantera
front wheel
frant uil
— de repuesto
spare wheel
spee uil
— trasera
back wheel
bac uil
válvula
valve
valv

¿A qué distancia está la gasolinera más cercana?
How far is the nearest petrol station?
jau faa is dze níerest pétrol steishun
¿En qué dirección?
In what direction?
in uot dairécshun
Llénelo, por favor.
Fill her up, please.
fil jer_ap pliis
Póngame 20 litros de gasolina súper.
Put in 20 litres of four star, please.
put in tuenti litas ov foo staa pliis
Cargue la batería por favor.
Top up the battery, please.
top ap dze bátri pliis
Compruebe el nivel del aceite.
Check the level of the oil, please.
chec dze levol ov dzi oil pliis

Cambie el aceite del motor.
Change the motor oil.
cheinch dze moutar_oil
¿Le importa comprobar la presión de las ruedas?
Could you check the tyre pressure?
cud_yu chek dze taia presha
Compruebe también la de repuesto.
Check the spare tyre too.
chek dze spee taia tuu
Quisiera cambiar este neumático.
I'd like to change this tyre.
aid laik tu cheinch dzis taia
Se ha roto la válvula.
The valve is broken.
dze valvs bróuken
¿Puede arreglar este pinchazo?
Could you mend this puncture?
cud_yu mend dzis pánkcha

EN EL APARCAMIENTO, EN EL GARAJE

¿Hay algún aparcamiento cerca?
Is there a car park near here?
is dzer_e caa paak nia jia
¿Tienen plazas libres?
Are there any free spaces?
aa_dzer_eni fri spéisis
¿Cuánto cuesta por hora?
How much is it per hour?
jau mach is it per_aua

¿Puedo aparcar aquí?
Can I park here?
can ai paak jia
¿Está vigilado el aparcamiento?
Is the car park supervised?
is dze caa paak súpavaisd
¿Cuánto tiempo puedo dejar el coche?
How long can I leave my car here?
jau long can_ai liv mai caa jia

Rótulos más frecuentes

FULL
Completo
GO TO LEVEL 4
Siga a la planta 4

ACCIDENTES

He tenido un accidente.
I've had an accident.
aiv jad an ácsident
Llamen a una ambulancia.
Call an ambulance.
cool an ámbiulans
Por favor, ayúdeme.
Help me, please.
jelp mi pliis

¿Puedo usar su teléfono?
Can I use your telephone?
can_ai yus yo télifoun
¿Necesitan ayuda?
Do you need any help?
du_yu nid eni jelp
Ha habido un accidente.
There's been an accident.
dzes bin an ácsident

AVERÍAS, GRUA

avería
breakdown
breikdaun
grúa
breakdown truck
bréikdaun trak

mecánico
mechanic
mekánik
remolcar
tow
tou

taller
garage
gárich

Mi coche está averiado.
My car's broken down.
mai caas_brouken daun
¿Pueden enviar una grúa?
Could you send a breakdown truck?
cud_yu send e bréikdaun trak

¿Pueden enviar a un mecánico?
Could you send a mechanic?
cud_yu send e mekánik
¿Hay un taller cerca de aquí?
Is there a garage near here?
is dzer e gárich nia jia

HERRAMIENTAS

alambre some wire *sam uaia*
alicates some pliers *sam plaias*
cable some cable *sam kéibol*
caja de herramientas
a tool box
e tul bocs
cuerda some rope *sam roup*
destornillador
a screwdriver
e scrúdraiva

embudo a funnel *e fanel*
gato a jack *e chak*
lámpara portátil
a lamp
e lamp
lima a file *e fail*
linterna a torch *e tooch*
llave de Allen
an allen key
an álen_ki

llave de bujías
plug spanner
plag spana
— de estrella
socket wrench
sókit rench
— de tubo
box spanner
bocs spana
— inglesa
adjustable spanner
achástebol spana
martillo hammer *jama*
palanca a crowbar *e cróubaa*
tornillo
a screw/bolt
e scru/boult
tuerca a nut *e nat*

EN EL TALLER

Qué le ocurre al coche?
What's wrong with your car?
uots rong uidz yo caa
El coche se va hacia la izquierda.
My car goes to the left.
mai caa gous tu dze left
Se calienta mucho.
It overheats.
it óuvajits
El coche da tirones.
It jerks.
it cheeks
Pierde aceite.
It's loosing oil.
its lúsing oil
Pierde agua.
It's loosing water.
its lúsing uoota
Pierde velocidad.
It loses speed.
it lusis spid
No frena.
The brakes don't work.
dze breiks dount ueek
Arranca mal.
It doesn't start properly.
it dásent staat própeli
El motor hace ruidos extraños.
The motor makes funny noises.
dze mouta meiks fani noisis
Consume demasiado.
It drinks too much petrol.
it drinks tu mach pétrol
No entra la tercera marcha.
I can't get it into third gear.
ai caant guet it intu zeed guia

LAS PIEZAS DEL COCHE

acelerador
accelerator
acsélereita
aleta
wing
uin
alternador
alternator
óoltaneita
amortiguador
shock absorber
shoc absooba
árbol de levas
camshaft
camshaaft
–de transmisión
drive shaft
draiv shaaft
arranque
starter
staata
asiento
seat
sit
–delantero
front seat
frant sit
–trasero
back seat
bac sit
baca
roof-rack
ruf_rac
balancín
rocker arm
róker_aam
barra de dirección
steering column
stírin cólum
batería
battery
batri
biela
connecting/piston rod
conéctin/piston rod

bloque de cilindros
cylinder crankcase
sílinda cránkeis
bocina
horn
joon
bomba de aceite
oil pump
oil pamp
–de agua
water pump
uoota pamp
–de aire
air pump
ee pamp
–de gasolina
fuel pump
fiul pamp
bombilla
bulb
balb
buje
axle box
ácsel bocs
bujía
spark plug
spaak plag
cable
cable
kéibol
caja de cambios
gear box
guia bocs
calefacción
heating
jítin
cambio de marchas
gear change
guia cheinch
capot bonnet *bonit*
carburación
carburation
caabiuréishun
carburador
carburettor
caaboréta
cardan
cardan
caaden
carrocería
bodywork
bódiueek
carter
sump
samp
cerradura de la puerta
door lock
doo loc
chásis
chassis
shási
chispa
spark
spaak
cigüeñal
crankshaft
crankshaaft
cilindro
cylinder
sílinda
cinturón de seguridad
seat/safety belt
sit/seifti belt
cojinete
bearing
béerin
compresión
compression
compréshun
condensador
condenser
condénsa
contacto
contact
cóntact
correa del ventilador
fan belt
fan belt
cortocircuito
short circuit
shoot séekit
cristal glass *glaas*
cuentakilómetros
speedometer
spidómita
culata
cylinder head
sílinda jed
delco
distributor
distríbiuta
depósito de gasolina
fuel tank
fiul tank
diferencial
differential gear
diferénshol guia
dinamo
alternator
óolteneitor
dirección
stearing
stíerin
eje delantero
front axle
frant ácsel
–trasero
back axle
bac ácsel
émbolo
rotor
routa
embrague
clutch
clach
encendido
ignition
ignı́shun
espejo retrovisor
rear-view mirror
ríaviu mira
estabilizador
stabilizer bar
stéibilaisa baa
faro
headlight
jedlait
–antiniebla
fog-lamp
foglamp
filtro de aire
air filter
ee filta

freno de mano
hand brake
jand_breik
–de pie
brake
breik
fusible
fuse
fius
intermitente
indicator light
índikeita lait
interruptor
switch
suich
junta
gasket
gáskit
limpiaparabrisas
windscreen wiper
uínscrin uaipa
llanta
wheel rim
uil rim
llave de contacto
ignition key
ignishun kii
–del coche
car key
caa kii

luz corta
dipped headlight
dipt jédlait
–de situación
parking light
páakin lait
–larga
full beam
ful bim
marcha
gear
guia
–atrás
reverse gear
rívees guia
–primera
first gear
feest guia
–segunda
second gear
second guia
motor
engine
énchin
muelle
spring
sprin
neumático
tyre
taia

palanca de marchas
gear *stick*
guia *stik*
parabrisas
windscreen
uínscrin
parachoques
bumper
bampa
parasol
sunshade
sánsheid
pedal del acelerador
accelerator pedal
acsélereita pédol
–del freno
brake pedal
breik pédol
pintura paint *peint*
pistón piston *píston*
puerta door *doo*
punto muerto
neutral
niútrol
radiador
radiator
réidieita
ralentí
idling speed
áidlin spid

rueda
wheel
uil
–de repuesto
spare wheel
spee uil
segmento
piston ring
píston rin
soldar
to solder
tu soulda
silenciador
silencer
sáilensa
suspensión
suspension
saspénshun
transmisión
transmission
transmíshun
zapata
brake shoe
breik shu

Los trabajos del mecánico

aflojar	loosen	*lúsen*	**purgar**	bleed	*blid*
apretar	tighten	*táiten*	**regular**	adjust	*achást*
cambiar	replace	*ripléis*	**remolcar**	tow	*tou*
desmontar	strip	*strip*	**reparar**	repair	*ripée*
limpiar	clean	*clin*	**revisar**	check	*chek*
montar	assemble	*asémbol*	**soldar**	solder	*soulda*
pintar	paint	*peint*	**tensar**	tighten	*táiten*

Reparaciones del coche

Ud. querrá saber qué le ocurre a su coche antes de aceptar un presupuesto, o bien, qué es lo que paga cuando le presentan la factura. A continuación se ofrecen seis grupos de reparaciones.
En primer lugar las frases en inglés, ordenadas alfabéticamente, para facilitar al mecánico su localización.

Para utilizar con provecho este apartado pida al mecánico que le señale la frase adecuada, diciéndole:

¿Puede señalarme en este libro la reparación prevista/realizada?
Could you show me the repair in this manual?
cud_yu sóu mi dze ripeir in dzis mánual

Carburation, cooling and exhaust
Carburación, refrigeración y escape

Adjust the idling speed.
Regular el ralentí.
Drain the cooling circuit.
Purgar el circuito de refrigeración.
Clean out the carburetor.
Limpiar el carburador.
Clean the petrol/air filter.
Limpiar el filtro de aire/gasolina.
Repair the radiator.
Reparar el radiador.
Replace the water pump.
Cambiar la bomba de agua.
Replace the petrol/water pump.
Cambiar la bomba de gasolina/agua.
Replace the petrol feed hose.
Cambiar el tubo de la gasolina.
Replace the silencer.
Cambiar el silencioso.
Replace/tighten the fan belt.
Cambiar/Tensar la correa del ventilador.
Weld/Repair the exhaust.
Soldar/Reparar el tubo de escape.

Engine Motor

Clean the plugs.
Limpiar las bujias.
Replace the plugs.
Cambiar las bujias.
Replace the valves.
Cambiar las válvulas.
Repair the valves.
Reparar las válvulas.
Repair the cylinder.
Reparar el cilindro.
Repair the starter motor.
Reparar el motor de arranque.
Repair the camshaft.
Cambiar el árbol de levas.
Replace the crankcase.
—el bloque.
—the crankshaft.
—el cigüeñal.
—the cylinder head.
—la culata.
—the piston.
—el pistón.
—the piston rings.
—los segmentos.
—the piston rod bearings.
—los cojinetes de biela.
—the points.
—los platinos.
—the rocker arms.
—los balancines.
Replace the cylinder head gasket.
Cambiar la junta de la culata.

Electricity Electricidad

Charge the battery.
Cargar la batería.
Replace the battery.
Cambiar la batería.
Check the cable connections.
Revisar las conexiones de cables.
Repair/Replace the alternator.
Reparar/Cambiar la dinamo.
Repair the distributor.
Reparar el delco.
—the fuel level gauge.
—el indicador de la gasolina.
—the horn.
—la bocina.
—the speedometer.
—el cuentakilómetros.
—the wiper motor.
—el motor del limpiaparabrisas.
Replace a light.
Cambiar una lámpara.
—a fuse.
—un fusible.
—a wire.
—un cable.
—the condenser.
—el condensador.

Clutch, transmissions and steering Embrague, transmisión y dirección

Balance the wheels.
Equilibrar las ruedas.
Change the clutch cable.
Cambiar el cable de embrague.
Change the differential gear oil.
Cambiar el aceite del diferencial.
Repair the clutch disc.
Reparar el disco del embrague.
—the differential.
—el diferencial.
Replace/Centre the steering column.
Cambiar/Centrar la barra de la dirección.
Tighten/loosen the clutch cable.
Aflojar/Apretar el pedal del embrague.
—the steering wheel.
—el volante.

Brakes and suspension
Frenos y suspensión

Bleed the brakes.
Purgar los frenos.
Repair brake drum.
Reparar el tambor del freno.
Replace brake shoe.
Cambiar la zapata del freno.
Replace handbrake cable.
Cambiar el cable del freno de mano.
Replace shock absorbers.
Cambiar los amortiguadores.
Loosen/Tighten brake pedal.
Aflojar/Apretar el pedal del freno.

Bodywork Carrocería

Replace/Repair the bonnet.
Cambiar/Reparar el capot.
—the bumper.
—el parachoques
—the door.
—la puerta.
—the number plate.
—la placa de matrícula.
—the windscreen.
—el parabrisas.
—the wing.
—la aleta.

El presupuesto y el plazo de la reparación

¿Cuánto me costará la reparación?
How much will the repair cost?
jau mach uil dze ripée cost
Está bien. Arreglen el coche lo más rápidamente posible.
Okay. Repair the car as soon as possible.
okei ripee dze caa as sun as pósibol
¿Cuánto tiempo tardarán Uds.? How long will you take?
jau lon uil yu teik
Estará listo en dos horas.
It'll be ready in two hours.
itel_bi redi in tu auas
Aquí tienen mi póliza de seguro.
Here's my insurance certificate.
jias mai inshóorans sertífikit
¿Puedo dejar el coche aquí unas horas?
Can I leave my car here for a few hours?
can_ai liv mai caa jia for e fiuauas

La factura

¿Han arreglado ya el coche?
Have you finished mending the car?
jav_yu finisht mendin dze caa
¿Cuánto es, por favor?
How much is it, please?
jau mach is it pliis
¿Puedo pagarle con tarjeta de crédito o cheque de viaje?
Can I pay by credit card or with a traveller's cheque?
can_ai pei bai credit caad oo uidz e trávelas chec

SALUD Y ASISTENCIA SANITARIA

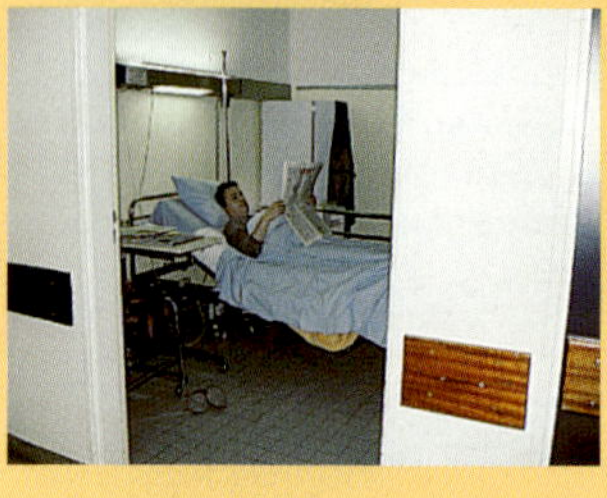

En el Reino Unido, y en base a convenios internacionales de sanidad pública, los miembros de los países de la U.E. reciben servicio gratuito. No así en Estados Unidos, donde la sanidad es privada y se ha de abonar cualquier servicio a un coste no muy alto, según el caso.

ME ENCUENTRO MAL

¡Llamen urgentemente a un médico!
Call a doctor, quick!
cool e docta kuik

¿Pueden avisar a un médico?
Could you get a doctor?
cud_yu guet e docta

¿Dónde hay un hospital?
Where is there a hospital?
uees_e jóspital

¿Puede venir a Oxford Street?
Can you come to Oxford Street.
can_yu cam tu óksfud strit

¿Dónde queda la consulta del Dr. Smith?
Where's doctor Smith's clinic?
uees docta smízs clinic

¿A qué hora pasa consulta?
What time does he see people?
uot taim das ji si pípol

PARTES Y FUNCIONES DEL CUERPO

abdomen	abdomen	*ábdomen*
anginas	sore throat	*soo zrout*
ano	anus	*éinus*
antebrazo	forearm	*fóoraam*
apéndice	appendix	*apéndics*
arteria	artery	*áateri*
articulación	joint	*choint*
axila	armpit	*áampit*
barbilla	chin	*chin*
bazo	spleen	*splin*
boca	mouth	*mauz*
brazo	arm	*aam*
cabeza	head	*jed*
cadera	hip	*jip*
cara	face	*feis*
ceja	eyebrow	*áibrau*
cerebro	brain	*brein*
circulación	circulation	*seekiuléishun*
clavícula	shoulder blade	*shoulda bleid*
clítoris	clitoris	*clítoris*
codo	elbow	*élbou*
columna	spine	*spain*
corazón	heart	*jaat*
costilla	rib	*rib*
coxis	coccyx	*cóksiks*
cráneo	skull	*skal*
cuello	neck	*nek*
cuerpo	body	*bodi*

dedo	finger	*finga*
dedo del pie	toe	*tou*
diafragma	diaphragm	*dáiafram*
diente	tooth	*tuz*
digestión	digestion	*daichéschun*
embarazo	pregnancy	*prégnansi*
empeine	groin	*groin*
espalda	back	*bac*
estómago	stomach	*stámac*
falange	phalanx	*fálancs*
frente	forehead	*fóojed*
garganta	throat	*zrout*
glándula	gland	*gland*
genitales	genitals	*chénitols*
hacer de vientre	have a bowel movement	*jav e baul múvment*
heces	faeces	*físis*
hígado	liver	*liva*
hombro	shoulder	*shoulda*
hueso	bone	*boun*
intestino	intestine	*intéstain*
labio	lip	*lip*
labio (genital femenino)	labia	*leibia*
lengua	tongue	*tang*
mandíbula	jaw	*choo*
mano	hand	*jand*
mejilla	cheek	*chik*
menstruación	menstruation	*menstruéishun*
muñeca	wrist	*rist*
músculo	muscle	*másol*
muslo	thigh	*zai*
nalgas	buttocks	*bátoks*
nariz	nose	*nous*
nervio	nerve	*neev*
nuca	nape	*neip*

ojo	eye	*ai*
oreja	ear	*ia*
orina	urine	*yúrin*
orinar	urinate	*yúrineit*
ovario	ovary	*óuveri*
paladar	palate	*pálat*
palma de la mano	palm of the hand	*paam*
pantorrilla	calf	*caaf*
párpado	eyelid	*áilid*
pecho	chest	*chest*
pecho (mama)	breast	*brest*
pelo	hair	*jee*
pelvis	pelvis	*pelvis*
pene	penis	*pínis*
pezón	nipple	*nípol*
pie	foot	*fut*
piel	skin	*skin*
pierna	leg	*leg*
planta del pie	sole	*soul*
pubis	pubis	*piúbis*
pulmón	lung	*lang*
respiración	respiration/breathing	*respiréishun/brízin*
riñón	kidney	*kídni*
rodilla	knee	nii
rótula	kneecap	nícap
sangre	blood	blad
sudar	perspire	*pespáia*
talón	heel	*jil*
tendón	tendon	*téndon*
testículo	testicle	*téstikol*
tímpano	eardrum	*íadram*
tobillo	ankle	*ánkol*
uña	nail	*neil*
útero	uterus	*yúterus*
vagina	vagina	*vacháina*
vejiga	bladder	*blada*
vena	vein	*vein*
vértebra cervical	vertebra	*véetebra*
— dorsal	dorsal	*doosol*
— lumbar	lumbar	*lámba*

ENFERMEDADES, SÍNTOMAS Y FRACTURAS

alergia allergy *álechi*
amigdalitis tonsilitis *tonsiláitis*
anemia anaemia *anímia*
apendicitis appendicitis *apendisáitis*
artritis arthritis *aazráitis*
asma asthma *ásma*
ataque cardiaco
heart attack
jaat aták
bronquitis bronchitis *bronkáitis*
calambres cramp *cramp*
cálculo stone stoun
cáncer cancer *cánsa*
catarro catarrh *catáa*
ciática sciatica *saiática*
cólico colic *cólic*
colitis colitis *coláitis*
conjuntivitis
conjunctivitis
conjanctiváitis
conmoción cerebral
concussion
concáshun
derrame cerebral
brain haemorrhage
brein jémorich
desmayo faint *feint*
diabetes diabetes *daiabítis*
diarrea diarrhoea *daiaría*
dificultades respiratorias
respiratory difficulties
respíratri díficultis
difteria diphtheria *difzíria*
disentería dysentry *dísentri*
dolor de pain *pein*
–cabeza headache *jédeik*
–espalda backache *bákeik*
–estómago
stomachache
stámakeik
–garganta sore throat *soo zrout*
–riñones
pain in the kidneys
pein in dze kídnis
embolia clot *clot*
enfermedad contagiosa
contagious disease
contéichus disís
–de la piel skin disease *skin disís*
–venérea
venereal disease
veníríal disís
epilepsia epilepsy *épilepsi*
erupciones cutáneas
rash
rash
escalofríos shivering *shíverin*
estreñimiento
constipation
constipéishun
fiebre
a temperature
e *témpricha*
flemón abscess *ábses*
fractura fracture *frákcha*
forúnculo boil *boil*
gripe flu *flu*
hemorragia
haemorrhage
jémorich
hepatitis hepatitis *jepatáitis*
herida wound *wund*
hernia hernia *jernia*
hinchazón swelling *suélin*
indigestión idigestion *indichéschun*
infección infection *infécshun*
insolación sunstroke *sanstrouk*
insomnio insomnia *insómnia*
intoxicación
intoxication
intocsikéishun
jaqueca migraine *máigrein*
lumbago lumbago *lambéigou*
luxación dislocation *dislokéishun*
mareo
sickness/diziness
siknes/dísines
neumonía pneumoni *niumómia*
parálisis paralisis *parálisis*
piedras en el riñón
kidney stones
kídni stouns
pulmonía pneumonia *niumómia*
presión sanguínea
blood pressure
blad présha

Vocabulario

quemadura	burn	*been*
resfriado	cold	*could*
reúma	rheumatism	*rúmatisem*
ronquera	hoarseness	*jóosnes*
rubeola	German measles	*chéeman mísols*
sarampión	measles	*mísols*
sida	aids	*eids*
sífilis	sifilis	*sífilis*
supuración	suppuration	*saparéishun*
tétanos	tetanus	*tétanus*
tifus	typhus	*taifus*
torcedura	sprain	*sprein*
tortícolis	stiff neck	*stif nek*
tos	cough	*cof*
tosferina	whooping cough	*júpin cof*
tuberculosis	tuberculosis	*tuberkiulóusis*
tumor	tumour	*tiúma*
úlcera de estómago	stomach ulcer	*stámak álsa*
varicela	chicken pox	*chíken pocs*
varices	varicose vein	*várikous vein*
viruela	smallpox	*smóolpocs*
vómitos	vomiting	*vómitin*

EN LA CONSULTA DEL MÉDICO

¿Qué me ocurre?

Me duele la cabeza.
I've got a headache.
aiv got e jédeik

Creo que me he roto una mano.
I think I've broken my hand.
ai zink aiv brouken mai jand.

Me duele aquí.
I've got a pain here.
aiv got e pein jia

Me siento mal.
I feel ill.
ai fil il

Soy alérgico/a a...
I'm allergic to...
aim aléechic tu

No puedo mover el pie.
I can't move my foot.
ai caant muv mai fut

Soy diabético/a.
I'm diabetic.
aim e daiabétic

Estoy embarazada.
I'm pregnant.
aim pregnant

Preguntas e indicaciones del médico

¿Qué le pasa?
What's the matter?
uots dze máta

¿Dónde le duele?
Where does it hurt?
uee das it jeet

¿Desde cuándo le duele?
How long has it been hurting you?
jau lon jas it bin jéetin yu

Voy a hacerle un reconocimiento.
I'm going to give you a check up.
aim góuin tu gif_ yu e chek ap

Desvístase, por favor.
Take your clothes off, please.
teik yoo cloudzs of pliis

Enséñeme la herida.
Show me the wound.
shou mi dze wund

El diagnóstico

No es nada grave.
It's nothing serious.
its názin sírius
Ha sufrido Ud. una conmoción.
You've had concussed.
yuv jad concást
Ha tenido un leve ataque de corazón.
You've had a slight heart attack.
yuv jad e slait jaat aták

Está Ud. muy bien.
You're very healthy.
yoo veri jélzi
Tiene Ud. una distensión muscular.
You've pulled a muscle.
yuv puld e másel
Sufre un choque nervioso.
You're in a state of nervous shock.
yoor_in e steit ov neeves shok

El tratamiento

Tiene que guardar cama 2 días.
You've got to stay in bed for two days.
yuv got tu stei in bed for tuu deis
No debe fumar.
You mustn't smoke.
yu másent smouk
No conviene que salga de viaje.
You'd better not travel anywhere.
yud beta not travel éniuee
Voy a ponerle un calmante.
I'm going to give you a sedative.
aim gouin tu guiv yu e sédativ
Tómese tres pastillas al día.
Take three of these pills a day.
teik zri ov dziis pils e dei

Debe ponerse 4 inyecciones al día.
You must have four injections a day.
yu mast jav foo inchécshuns e dei
Tómese este jarabe en las comidas.
Drink this at meal times.
drink dzis at mil taims
Aplíquese esta pomada en la zona afectada.
Spread this ointment on the affected area.
spred dzis ointment on dzi aféctid éria
Póngase dos supositorios.
Use two suppositories.
yus tuu sapósitris

EN EL DENTISTA

Tengo un flemón.
I've got an abscess.
aiv got an ábses
Tengo una muela picada.
I've got a bad tooth.
aiv got e bad tuz

Se me ha roto una muela.
I've broken a tooth.
aiv brouken e tuz
Se me ha caído un empaste.
I've lost a filling.
aiv lost e fílin

anestesia	anaesthesia	*aneszísia*
caries	decay	*dikéi*
colmillo	canine	*kéinain*
dentadura	teeth	*tiz*
–postiza	false teeth	*fools tiz*
dentista	dentist	*déntist*
diente	tooth	*tuz*
dolor de muelas	toothache	*túzeik*
empaste	filling	*fílin*
encía	gum	*gam*
flemón	abscess	*ábses*
muela del juicio	wisdom tooth	*uísdom tuz*
nervio	nerve	*neev*
prótesis	prosthesis	*prósthesis*
puente	bridge	*brich*
raíz	root	*rut*
sacar	extract	*ecstráct*
sarro	plaque	*plak*

EN LA FARMACIA

¿Hay alguna farmacia de guardia cercana?
Is there a chemist open near here?
is zer_e kémist oupen nia jia

¿Puede darme algo para el dolor de cabeza?
Can you give me something for a headache?
can_yu guiv mi samzin for a jedéik

¿Tiene este medicamento?
Have you got this medicine?
jav_yu got dzis médsin

¿Necesito receta para este medicamento?
Do I need a prescription for this medicine?
du ai nid e prescrípshun fo 'dzis médsin

agua oxigenada oxygenated water *ócsicheneitid uoota*
alcohol alcohol *álcojol*
algodón cotton wool *cóton wul*
analgésico analgesic *analchísic*
antipirético antipyrectic *antipairéctic*
aspirina aspirin *ásprin*
bicarbonato bicarbonate *baicáabonet*
callicida corn remover *coon rimúva*
compresas compresses *comprésis*
coagulante coagulato *coágiuleita*
dentífrico toothpaste *túzpeist*
desinfectante disinfectant *disinféctant*
esparadrapo sticking plaster *stíkin plaasta*
gasas gauses *góosis*
glucosa glucose *glúcous*
gotas para los oídos ear drops *ia drops*
–para los ojos eye drops ai drops
infusión infusion *infiúshun*
inyección injection *inchécshun*
insulina insulin *ínsiulin*
jarabe syrup *sírap*
jeringuilla syringe *sirínch*
lavativa enema *enima*
laxante laxative *lácsativ*
linimento liniment *líniment*
loción contra insectos insect cream *insect crim*
pastillas pills *pils*
pomada ointment *ointment*
–para cortes for cuts *fo cats*
–para quemaduras for burns *fo beens*
preservativo condom *cóndom*
sedante sedative *sedativ*
somnífero sleeping pill *slipin pil*
suero fisiológico physioligical saline solution *fisiolóchical séilain solúshun*
supositorio suppository *supósitri*
tampones sanitry towels *sánitri tauels*
termómetro thermometer *zemómeta*
vaselina vaseline *váselin*
vendas bandages *bándichis*
vitaminas vitamines *vitamins*

COMPRAS

Además de los clásicos grandes almacenes, algunos de gran renombre, donde se puede comprar todo tipo de artículos a precios muy competitivos, tanto en Gran Bretaña como en Estados Unidos existe un comercio excelente y adecuado a cualquier gusto y bolsillo.

En Estados Unidos son buenas compras las pieles naturales, aparatos informáticos y electrónicos, obras de arte, diseño, ropas, joyas, bisutería y artículos de novedad en el mercado internacional.

En el Reino Unido se pueden comprar magníficos tejidos (lanas, hilo, lino,...), porcelanas y cerámicas, antigüedades, aparatos electrodomésticos y electrónicos, ropas de cama, de vestir, camisas, blusas, lencería. Todo de excelente calidad y diseño.

En Estados Unidos y en Gran Bretaña los productos de perfumería y cosmética, sobre todo los importados, pagan altos impuestos.

Los precios en establecimientos son siempre fijos y no se practica el "regateo". Tan sólo en mercadillos locales y especiales se puede practicar esta actividad con algún éxito.

Para buscar una tienda

¿Hay por aquí una tienda de deportes?
Is there a sports shop near here?
is dzer_e spoots shop nia jia

¿Hay por aquí una librería?
Is there a book shop near here?
is dzer_e bukshop nia jia

¿Puede recomendarme una buena joyería?
Could you recommend a good jeweller's?
cud_yu recoménd e gud chúelas

¿Dónde está la zona comercial?
Where's the shopping area?
uees dze shópin éria

Tipos de establecimientos

bodega	off-licence	*óflaisens*
boutique	boutique	*butík*
camisería	shirt shop	*sheet shop*
carnicería	butcher's	*búchas*
charcutería	pork butcher's	*pook búchas*
comercio	shop	*shop*
confitería	sweetshop	*suítshop*
droguería	chemist's	*kémists*
estanco	tobacconist's	*tobáconists*
farmacia	chemist's	*kémists*
ferretería	do-it-yourself shop	*dúityosélf shop*
floristería	florist's	*flórists*
grandes almacenes	department store	*dipáatment stoo*
joyería	jeweller's	*chúelas*

juguetería toyshop *toishop*
lavandería laundrette *loondrét*
lencería draper's/linen shop *dreipas linen shop*
librería bookshop *bukshop*
mercado market *maakit*
mercería haberdasher's *jábadashas*
óptica optician's *optíshuns*
panadería baker's *beikas*
papelería stationer's *stéishonas*
pastelería baker's *beikas*
peletería fur shop *fee shop*
peluquería hairdresser's *jéedresas*
perfumería perfumery *pefiúmeri*
pescadería fishmonger's *fishmangas*
quiosco de prensa newsagent's *niúseichents*
relojería jeweller's *chúelas*
sastrería tailor's *teilas*
sombrerería hatter's/milliner's *játes/mílines*
supermercado supermarket *súpamaakit*
tienda shop *shop*
–de alimentación grocer's *grousas*
–de antigüedades antique shop *antík shop*
–de artesanía handicraft shop *jándicraaft shop*
–de artículos de regalo gift shop *guift shop*
–de cerámica chinaware shop *cháinauee shop*
–de deportes sports shop *spoots shop*
–de electricidad electrical goods *eléctrical guds*
–de electrodomésticos household appliances *háusjould apláiansis*
–de fotografía camera shop *camra shop*
–de lámparas lamp shop *lamp shop*
–de muebles furniture shop *féenicha shop*
–de arte art shop *aat shop*
–de recuerdos souvenir shop *suvenía shop*
–de vinos wine shop *uain shop*
tintorería dry cleaner's *drai clinas*
verdulería greengrocer's *gringrousas*
zapatería shoe shop *shu_shop*

Al llegar a la tienda

Buenos días, ¿qué desea?
Hello, can I help you?
jelou can ai jelp_yu
¿Tienen Uds. leche?
Do you sell milk?
du_yu sel milk
Lo siento, no tenemos.
I'm sorry, we haven't got any.
aim sori ui javent got eni
Quiero una camisa.
I'd like a shirt.
aid laik e sheet
¿Dónde están los quesos?
Where's the cheeses?
uer_aa dze chisis
¿Dónde está la sección de ropa? Where's the clothes section?
uees dze clouzs secshun
Por favor, póngame algo más.
Give me some more, please.
guiv mi sam moo pliis
Es demasiado.
That's too much.
dzats tu mach
Quíteme alguno.
Take some off.
teik sam of
Quíteme un poco.
Take a bit off.
teik e bit of

Rótulos más frecuentes

CLEARANCE SALE	**Liquidación**	OFFER	**Oferta**
FITTING ROOMS	**Probadores**	PRICE	**Precio**
FLOOR	**Planta**	SALE	**Rebajas**
MAIN TILL	**Caja central**	TILL	**Caja**

Vocabulario

bolsa de papel	paper bag	*peipa bag*
- de plástico	plastic bag	*pláastic bag*
botella	bottle	*bótel*
caja	box	*bocs*
docena	dozen	*dásen*
media docena	half a dozen	*jaaf e dásen*
frasco	jar	*haa*
gramo	gram	*gram*
kilo	kilo	*kilo*
lata	tin/can	*tin/can*
litro	litre	*lita*
loncha	slice	*slais*
paquete	packet	*pákit*
pedido	order	*ooda*
un par	a pair	*e pee*
unos pocos	a few	*e fiu*
porción	portion	*pooshon*
puñado	handful	*jandful*
rodaja	slice	*slais*
rebanada	slice	*slais*
rollo	roll	*rol*
tubo	tube	*tiub*

Para elegir

Quiero un traje de calidad.
I'd like a good quality suit.
aid laik a gud kuóliti sut
Enséñeme ese de la estantería.
Show me the one on the shelf.
shou mi dze uan on dze shelf
Deme el del escaparate.
Give me the one in the window.
guiv mi dze uan on dze uíndou
Es demasiado caro.
It's too expensive.
its tu icspénsiv
Es demasiado estrecho.
It's too narrow.
its tu nárou
No, prefiero aquel.
No, I prefer that one.
nou ai prifée dzat uan

¿Tiene garantía?
Has it got a guarantee?
jas it got e garantii
¿No tiene algo en otro color?
Don't you have anything in another colour?
dount yu jav énizin in anádza cala
Me gusta, me lo llevo.
I like it, I'll take it.
ai laik it ail teik it

¿No tiene algo más barato?
Don't you have anything cheaper?
dount yu jav énizin chipa
Está demasiado verde.
It's not ripe enough.
its not raip ináf
¿No lo tiene en otro material?
Don't you have it in another material?
dount yu jav it in anádza matírial

Vocabulario

ajustado	tight	*tait*	**caro**			**largo**	long	*long*
amplio	wide	*uaid*	expensive			**ligero**	light	*lait*
barato	cheap	*chip*	*ikspénsiv*			**maduro**	ripe	*raip*
bonito	pretty	*príti*	**claro**	light	*lait*	**malo**	bad	*bad*
bonito	nice	*nais*	**corto**	short	*shoot*	**material**		
bueno	good	*gud*	**delgado**	thin	*zin*	material		
calidad	quality	*uóliti*	**estrecho**	narrow	*nárou*	*matírial*		
–buena	good	*gud*	**feo**	ugly	*ágli*	**oscuro**	dark	*daak*
–mala	bad	*bad*	**fresco**	fresh	*fresh*	**pasado**	bad	*bad*
–mejor	best	*best*	**grande**	big	*big*	**pequeño**	small	*smool*
–peor	worst	*ueest*	**gordo**	fat	*fat*	**pesado**	heavy	*jévi*

El precio

¿Cuánto vale este libro?
How much is this book?
jau mach is dzis buk

¿Cuánto cuesta un kilo de manzanas?
How much are apples per kilo?
jau mach a_ápes pe kílo

Pedidos a domicilio

¿Sirven pedidos a domicilio?
Do you deliver?
du yu dilíva
¿Pueden enviarlo a esta dirección?
Could you send it to this address.
cud_yu send it tu dzis adrés

¿Tengo que dejar una señal?
Have I got to leave a deposit?
jav ai got tu liv e dipósit

¿Es suficiente con esto?
Is this enough?
is dzis ináf

A la hora de pagar

¿Aceptan tarjetas?
Do you accept credit cards?
du yu acsépt credit caads
No señor. Sólo aceptamos dinero en efectivo.
No sir. We only accept cash.
nou see ui ounli acsépt cash
¿Dónde pago?
Where do I pay?
uee du ai pei
¿Dónde está la caja?
Where's the till?
uees dze til

Pase Ud. por caja.
Go to the till.
gou tu dze til
¿Puede darme un recibo?
Can you give me a receipt?
can_yu guiv mi e risít
Creo que hay un error en la cuenta.
I think there's a mistake on the bill.
ai zink dzes_e mistéik on dze bil
Me devuelve Ud. mal el cambio.
You've given me the wrong change.
yuv guíven mi dze rong cheinch

ALIMENTACIÓN

aceite	oil	*oil*
aceitunas	olives	*ólivs*
ajos	garlic	*gaalik*
agua	water	*uoota*
anchoas	anchovies	*ánchovis*
arroz	rice	*rais*
azúcar	sugar	*shuga*
bebidas con alcohol	alcoholic drinks	*alcojólic drinks*
bebidas sin alcohol	non-alcoholic drinks	*nonalcojólic drinks*
berberechos	cockles	*cókels*
bonito	tuna	*tiuna*
café	coffee	*cófi*
caramelos	sweets	*suits*
carne	meat	*mit*
cebolla	onion	*ánion*
cerezas	cherries	*chéris*
champiñón	mushroom	*máshrum*
chocolate	chocolate	*chóclit*
ciruelas	plums	*plams*
coliflor	cauliflower	*cóliflaua*
congelados	frozen food	*frousen fud*
conservas	tinned food	*tind fud*

embutido	sausage	*sósich*
espaguetis	spaghetti	*spaguéti*
espárrago	asparagus	*espáragus*
fiambre	cold meat	*could mit*
fresa	strawberry	*stróobri*
fruta	fruit	*frut*
galleta	biscuit	*bískit*
gamba	shrimp	*shrimp*
guisantes	peas	*piis*
huevos	eggs	*eks*
jamón de york	ham	*jam*
–serrano	cured ham	*kiurd jam*
judías	beans	*bins*
leche	milk	*milk*
lechuga	lettuce	*létus*
legumbres	legumes	*légums*
limón	lemon	*lemon*
macarrones	macarroni	*macaróuni*
mandarinas	mandarin oranges	*mándarin órinchis*
manzana	apple	*ápol*
mariscos	seafood	*sífud*
mayonesa	mayonnaise	*meionéis*
melón	melon	*mélon*
melocotón	peach	*pich*
mermelada	jam	*cham*

–de naranja	marmalade	*máamaleid*
naranjas	oranges	*órinchis*
pan	bread	*bred*
–una barra de	–a loaf of	*–e loaf ov*
–un bollo de	–a breadbun	*–e brédban*
patatas	potatoes	*potéitos*
–fritas	–chips/crisps/fried —	*–chips/crisps/fraid —*
pepinillos	gherkins	*guéekins*
pepino	cucumber	*kiúcamba*
peras	pears	*pees*
pescado	fish	*fish*
piña	pineapple	*páinapol*
pimiento rojo	red pepper	*red pepa*
—verde	green pepper	*grin pepa*
plátanos	bananas	*banáanas*
pollo	chicken	*chíken*
pomelos	grapefruits	*greipfruts*
puré de tomates	tomato purée	*tomáatou piúre*
–de patatas	mashed potato	*masht potéitou*
queso	cheese	*chis*
sal	salt	*soolt*
salsa	sauce	*soos*
salchichas	sausages	*sósichis*
salchichón	salami	*saláami*
sandía	water melon	*uoota melon*
sardinas	sardines	*saadíns*
sopa	soup	*sup*
té	tea	*tii*
tomates	tomatoes	*tomáatous*
uvas	grapes	*greips*
verduras	vegetables	*véchtabols*
vinagre	vinagre	*vínaga*
yogur	yoghurt	*yógut*
zanahoria	carrot	*cárat*

ESTANCO

Deme un paquete de cigarrillos.
A packet of cigarettes, please.
e pákit ov sigaréts pliis
¿Tiene Ud. tabaco rubio?
Have you got Virginia tobacco?
jav_yu got vechínia tobácou
Una caja de cerillas, por favor.
A box of matches, please.
e bocs ov máchis pliis

¿Me da fuego, por favor?
Excuse me, have you got a light?
icskius mi jav_yu got e lait
Deme tabaco de pipa.
Some pipe tobacco, please.
sam paip tobácou pliis
¿Cargan Uds. mecheros?
Do you refill lighters?
du yu rífil laitasm

bajo en nicotina	low in nicotine	*lou in nícotin*
boquilla	cigarette holder	*sigarét joulda*
cartón	carton	*cáaton*
cerillas	matches	*máchis*
cigarrillo	cigarette	*sigarét*
–con filtro	filter-tip cigarette	*filtatip sigarét*
–mentolado	mentol cigarette	*mentol sigarét*
–sin filtro	filterless cigarette	*filtales sigarét*

encendedor	lighter	*laita*
fuerte	strong	*strong*
fumar	to smoke	*tu smouk*
gas	gas	*gas*
gasolina	petrol	*petrol*
marca de cigarrillos	brand of cigarettes	*brand ov sigaréts*
–de tabaco	tobacco	*tobácou*
papel de liar	cigarette paper	*sigarét peipa*
paquete	packet	*pákit*
piedra	flint	*flint*
pipa	pipe	*paip*
pitillera	cigarette case	*sigarét keis*
puro	cigar	*sigáa*
suave	smooth	*smudz*
tabaco de liar	rolling tobacco	*róulin tobácou*
–de pipa	pipe tobacco	*paip tobácou*
–negro	dark tobacco	*daak tobácou*
–rubio	light tobacco	*lait tobácou*

FERRETERÍA

¿Puede Ud. hacerme una copia de esta llave?
Could you make me a copy of this key?
cud_yu meik mi e copi ov dzis kii

Durante los viajes, una gran parte de los artículos que se compran en las ferreterías suele estar relacionada con el automóvil, si es ese su caso consulte la sección de herramientas del apartado dedicado al automóvil (pág. 58).

Además podría Ud. necesitar o querer comprar alguno de los siguientes artículos:

cazuela	saucepan	*sóospan*
cerradura	lock	*lok*
cubiertos	cutlery	*cátleri*
fiambrera	lunch box	*lanch bocs*
llave	key	*kii*
parrilla	grill	*gril*
puntas	nail	*neil*
sartén	frying pan	*fráiyin pan*

FLORISTERÍA

Quiero una docena de claveles.
I'd like a dozen carnations.
aid laik e dasen caanéishuns

Envíela a esta dirección, por favor.
Send it to this address, please.
send it tu dzis adrés pliis

anémonas	anemones	*anémonis*
claveles	carnations	*caanéishuns*
clavelinas	pinks	*pinks*
crisantemos	chrysanthemums	*crisánzemums*
flores	flowers	*flauas*
gladiolos	gladioli	*gladiolai*
hortensias	hydrangeas	*jaidréinchas*
jacintos	hyacinths	*jáiasinzs*
lilas	lilacs	*lailacs*
margaritas	daisies	*déisis*
narcisos	daffodils	*dáfodils*
nardos	nards	*naads*
orquídeas	orchids	*óokids*
ramo de flores	a bunch of flowers	*e banch ov flauas*
rosas	roses	*róusis*
tiesto	flowerpot	*fláuapot*
tulipanes	tulips	*tiúlips*
violetas	violets	*váiolets*

FOTOGRAFÍA

Cámara y accesorios

Quiero un trípode como el del escaparate y una lámpara para flash.
I'd like a tripod like the one in the shop window and a flash bulb.
aid laik e traipod laik dze uan in dze shop uindou and e flash balb

No me funciona el fotómetro.
My light meter doesn't work.
mai lait mita dásent ueek

¿Puede Ud. revisar la cámara?
Could you check the camera?
cud_yu chek dze camra

batería	battery	*bátri*
cámara compacta	compact camera	*cómpact cámra*
— de gran formato	large-format/press camera	*laach fóomat pres cámra*
— polaroid	polaroid	*poularoid*
— réflex	reflex	*ríflecs*
cuerpo de cámara	camera body	*camra bodi*
diafragma	diaphragm	*dáiafram*
disparador de cable	cable release	*kéibol rilís*
filtro azul	blue filter	*blu filta*
— naranja	orange	*órinch*
— skylab	skylab	*skáilab*
— ultravioleta	ultraviolet	*altraváiolet*
flash	flash	*flash*
fotómetro	light meter	*lait mita*
funda	cover	*kava*

lámpara para flash
flash cube
flash kiub
objetivo estándar
normal lens
nóomol lens
–gran angular
wide-angle lens
uaid_angol lens
–teleobjetivo
telephoto lens
telifóutou lens
–zoom
zoom lens
sum lens
obturador shutter *sháta*
papel limpiaobjetivos
lens cleaning tissue
lens clínin tíshiu
pila de tres voltios
three volt battery
zri voult batri
selector de sensibilidad
sensitivity setting knob
sensitíviti sétin nob
selector de velocidad de disparo
shutter speed setting knob
shata spid sétin nob
trípode tripod *traipod*

Carretes

Quiero un carrete de 36 fotos para papel, de 200 ASA.
I'd like a 36 photo 200 ASA film cartridge.
aid laik e zeetisics fóutou tu jándred ei es ei film cáatrich

blanco y negro
black and white
blac and uait
carga polaroid
polaroid film
poularoid film
carrete (rollo)
a roll of film
e roul ov film
cintas video 8 (V8)
video eight film
vidio eit film
–BETA BETA *bita*
–VHS VHS *vi eich es*
color colour *cala*
exposiciones (12, 24, 36)
exposures
icspóushas
película de diapositiva
slide film
slaid film
–de negativo (para papel)
–negative
–négativ
–de tungsteno (interiores)
–indoor
–indoo
–expuesta
–exposed
–icspóusd
–virgen
–virgin
–véechin
sensibilidad ASA (50, 100, 200...)
sensibility
sensibíliti

Revelado

Quiero revelar esta película.
I'd like to get this film developed.
aid laik tu guet dzis film divélopt

Quiero seis copias de cada negativo en papel mate.
I'd like six copies of each negative in a matt finish.
aid laik sics copis ov ich négativ in e mat finish

Vocabulario

ampliación	amplification	*amplifikéishun*
copia	copy	*cópi*
diapositiva con marco	framed slide	*freimd slaid*
papel brillo	gloss paper	*gloss peipa*
--mate	matt paper	*mat peipa*
revelar	to develop	*tu divélop*

RELOJERÍA Y JOYERÍA

En la relojería

¿Puede Ud. enseñarme un buen reloj?
Could you show me a good watch?
cud_yu shou mi e gud uoch

¿Puede Ud. arreglarme el reloj?
Could you mend my watch.
cud_yu mend mai uoch

Se adelanta veinte minutos
It's twenty minutes fast.
its tuenti mínits faast

¿Puede Ud. enseñarme un reloj barato?
Could you show me a cheap watch?
cud_yu shou mi e chip uoch

Vocabulario

adelantar	gains time	*geins taim*
aguja	hand	*jand*
correa	strap	*strap*
minutero	minute hand	*mínit jand*
reloj de bolsillo	pocket watch	*pókit uoch*
–de pared	clock	*clok*
–de pulsera	wrist watch	*ristuoch*

Las joyas

Materiales

bañado en oro	gold plaited	*gould pleitid*
–en plata	silver plaited	*silva pleitid*
bisutería	imitation jewellery	*imitéishun chiúelri*
brillante	diamond	*daiamond*
diamante	diamond	*daiamond*
dorado	golden	*goulden*
oro	gold	*gould*
perla	pearl	*peel*
piedra preciosa	precious stone	*préshas stoun*
plata	silver	*silva*
plateado	silvery	*sílveri*
platino	platinum	*plátinum*
quilate	carat	*cárat*
rubí	ruby	*rubi*

Alhajas y bisutería

alfiler	pin	*pin*
–de corbata	tie pin	*tai pin*
anillo	ring	*rin*
–de boda	wedding ring	*uedin rin*
brazalete	armband	*áamband*
broche	brooch	*brouch*
cadena	chain	*chein*
colgante	pendant	*péndant*
collar	necklace	*néclas*
crucifijo	cross	*cros*
gemelos	cufflinks	*cáflinks*
medalla	medal	*médal*
pendiente	earring	*íarin*
–de clip	clip-on-earring	*clípon íarin*
pulsera	bracelet	*breislet*

LAVANDERÍA Y ARREGLOS DE ROPA

¿Dónde está la lavandería más próxima?
Where's the nearest laundrette?
uees dze nierest loondrét

¿Pueden quitar esta mancha?
Can you remove this stain?
can_yu rimúv dzis stein

¿Pueden limpiar esta ropa?
Could you clean these clothes?
cud_yu clin dziis clouzs

Está descosido.
It's come unsewn.
its cam unsoun

¿Pueden coser este botón?
Could you sew this button on?
cud_yu sou dzis báton on

¿Cuándo estará listo?
When will it be ready?
uen uil it bi redi

Vocabulario

acortar
shorten
shooten

alargar
lengthen
lengzen

botón
button
báton

coser
sew
sou

cremallera
zip
sip

dobladillo
hem
jem

ensanchar
widen
uaiden

estrechar take in *teik in*

lavandería
laundry
loondri

lavar
wash
uosh

limpiar
lean
clin

–en seco
dry clean
drai clin

planchar
iron
aion

sastrería
tailor's
teilas

tintorería
dry cleaner's
rai clinas

zurcir to darn *tu daan*

LIBRERÍA, PAPELERÍA Y DISCOS

¿Donde hay una buena tienda de discos?
Where is there a good record shop?
ueer_is dzer_e gud récood shop

¿Donde hay una buena librería?
Where is there a good bookshop?
ueer_is dzer_e gud búkshop

Tiene Ud. un mapa de carreteras de Irlanda?
Have you got a road map of Ireland?
jav_yu got e roud map ov aailand

¿Tiene un plano de la ciudad?
Have you got a map of the town?
jav_yu got e map ov dze taun

¿Reciben algún periódico español?
Do you receive any Spanish newspapers?
du yu risíiv eni spánish niúspeipas

¿Dónde está la sección de música clásica?
Where's the classical music section?
uees dze clásical miúsic sécshun

Libros y papeles

bloc de dibujo
drawing pad
drooin pad
–de notas
notepad
noutpad
bolígrafo
biro
bairou
carpeta
folder
foulda
celo
sellotape
séloteip
cuaderno
exercise book
écsesais buk
diccionario
dictionary
dícshonri
folios
sheets of paper
shits ov peipa
goma de borrar
rubber
rába
guía
guide
gaid
lapicero
pencil
pensil
mapa de carreteras
road map
roud map

novela novel *nóvel*
papel paper *peipa*
pegamento glue *gluu*
periódico newspaper *niúspeipa*
plano de la ciudad
town plan
taun plan
pluma estilográfica
fountain pen
fauntin pen
postal
postcard
póustcaad
sello de correos
postage stamp
póustich stamp
sobre envelope *énveloup*
–de avión
air mail envelope
ee meil énveloup

MERCERÍA

aguja	needle	*nídol*
alfiler	pin	*pin*
botón	button	*báton*
cinta de algodón	cotton ribbon	*cóton ribon*
cremallera	zip	*sip*
dedal	thimble	*zímbol*
hebilla	buckle	*bákol*
hilo	thread	*zred*
imperdible	safety pin	*seifti pin*
liguero	suspender	*saspénda*
ovillo	ball	*bool*
tijeras	scissors	*sísas*

LA ÓPTICA

¿Pueden arreglarme las gafas?
Could you mend my glasses?
cud_yu mend mai glaasis
¿Pueden graduarme la vista?
Can you check my sight?
can_yu chek mai sait
Tengo miopía.
I'm shortsighted.
aim shootsáitid
¿Tienen Uds. gafas de sol?
Do you stock sunglasses?
du yu stok sánglaasis
Se me ha roto un cristal.
One of the lenses has broken.
uan ov dze lénsis jas brouken
¿Cuánto tardarán?
How long will it take?
jau long uil it teik

Vocabulario

cristal graduado
graduated glass
grádiueitid glaas
–sin graduar
plain glass
plein glaas
estuche de lentillas
contact lens container
contact lens conteina
funda de las gafas
glasses case
glaasis keis
gafas de sol
sunglasses
sánglaasis
–graduadas
graduated glasses
grádiueitid glaasis
gamuza
chamois
shámi
lentillas blandas
soft lenses
soft lensis
–duras
hard lenses
jaad lensis
líquido para limpiar lentillas
contact lens cleaner
contact lens clina

EN LA PELUQUERÍA DE CABALLEROS

¿Dónde hay una peluquería de caballeros?
Where is there a men's hairdresser?
uer_is_dzer e mens jéedresa
Quiero cortarme el pelo.
I'd like to get my hair cut.
aid laik tu guet mai jee cat
¿Cómo lo quiere?
How would you like it?
jau wud yu laik it
Lo quiero corto.
I'd like it short.
aid laik it shoot
Lo quiero muy largo.
I'd like it very long.
aid laik it veri long
¿Le importa recortarme la barba?
Would you mind cutting my beard?
wud_yu maind cátin mai biad
Córteme sólo las puntas.
Cut the ends only please.
cat dzi ens ounli pliis
Así está bien. ¿Qué le debo?
That's fine, thank you.
How much is it?
dzats fain zank_you
jau mach is it
Quiero un corte a navaja.
I'd like it cut with a razor.
aid laik it cat uidz e reisa
Córteme más por los lados.
Cut it more at the sides.
cat it moor_at dze saids
Quiero hacerme la manicura.
I'd like a manicure.
aid laik e mánikiur
Quiero la raya a la derecha.
I'd like the parting on the right.
aid laik dze páatin on dze rait

EN LA PELUQUERÍA DE SEÑORAS

¿Dónde hay una buena peluquería de señoras?
Where is there a good ladies hairdresser?
uer_is_dzer_e gud leidis jéedresa
Quiero una permanente.
I'd like a perm.
aid laik e peem
Quiero que me tiñan.
I want it dyed.
ai uont it daid
Quiero un lavado y marcado.
I want it washed and set.
ai uont_it uosht an set
Quisiera ver un catálogo de peinados.
I'd like to see some styles.
aid laik tu si sam stails
Quiero un corte como el de esta modelo.
I'd like it cut in this style.
aid laik_it cat in dzis stail

El lavado

El agua está fría/caliente.
The water is cold/hot.
dze uootar_is could/jot
El secador está muy caliente.
The dryer is too hot.
dze draiar_is tu jot
Quiero suavizantes.
I want softening.
ai uont sófenin
No quiero mascarilla.
I don't want a face pack.
ai dount uont e feis pac

El corte

Quiero flequillo.
I'd like a fringe.
aid laik e frinch
Quiero coleta.
I'd like a ponytail.
aid laik e pouniteil
Quiero un corte a capas.
I'd like it layered.
aid laik it leiad
Quiero que me igualen las puntas.
I want the ends equalled.
ai uont dzi ens ikuoold
Córteme más por arriba.
Cut it more on the top.
cat it moor on dze top
Córteme menos por los lados.
Cut it less at the sides.
cat it les at dze sáids

El peinado

Quiero el pelo natural.
I'd like my hair natural.
aid laik mai jee nátrul
Lo quiero con volumen.
I'd like it with body.
aid laik it uiz bodi

La permanente

Lo quiero rizado.
I'd like it curly.
aid laik it keeli
Lo quiero con bucles.
I'd like it with ringlets.
aid laik it uidz riinlets

Sólo quiero ondas.
I only want it wavy.
ai ounli uont it ueivi
Quiero una permanente floja.
I want a loose perm.
ai uont e lus peem

El tinte

Quiero aclararme el pelo.
I want my hair rinsed.
ai uont mai jee rinst
Quiero reflejos.
I want shades of colour.
ai uont sheids ov cala
¿Tiene un muestrario de colores?
Have you got a colour range to show me?
jav_yu got e cala reinch tu shou mi

Quiero un color más claro.
I'd like a lighter colour.
aid laik e laita cala
Quiero un color más oscuro.
I'd like a darker colour.
aid laik e daaka cala
Quiero un tono caoba.
I'd like a mahogany tone
aid laik e majógani toun

Vocabulario

aclarado	rinse	*rins*
afeitar	shave	*sheiv*
barba	beard	*biad*
bigote	moustache	*mustaash*
brillantina	brilliantine	*bríliantain*
bucles	ringlets	*rínglets*
cabeza	head	*jed*
cara	face	*feis*
caspa	dandruff	*dándraf*
castaño	chestnut	*chéstnat*
cepillo	brush	*brash*
champú	shampoo	*shampú*
cobrizo	copper colour	*copa cala*
cortar	cut	*cat*
dar volumen	give body	*guiv bodi*
flequillo	fringe	*frinch*
laca	laquer	*láca*
lavar	wash	*uosh*
manicura	manicure	*mánikiur*
maquinilla	clippers	*clipas*
marcar	set	*set*
masaje	massage	*másaach*
mechón	lock	*loc*
moño	bun	*ban*
navaja	razor	*reisa*
negro	black	*blac*
ondas	waves	*ueivs*
patillas	sideburns	*sáidbeens*
peinar	comb	*coum*
peine	comb	*coum*
pelirrojo	redhaired	*rédjeed*
pelo	hair	*jee*
peluca	wig	*uig*
peluquería	hairdresser	*jéedresa*
permanente	perm	*peem*
pinzas	tongs	*tongs*
raya	parting	*páatin*
reflejo	shade	*sheid*
rizos	curls	*keels*
rojizo	reddish	*rédish*
rubio	blond	*blond*
secador del pelo	hairdryer	*jéedraia*
suavizante	softening	*sófenin*
teñir	to dye	*to dai*
tinte	dye	*dai*
vitaminas	vitamines	*vítamins*

PERFUMERÍA Y DROGUERÍA

agua de colonia eau de cologne *óudecoloun*
barra de labios lipstick *lípstic*
bolsas de basura rubbish bags *rabish bags*
brocha de afeitar shaving brush *shéivin brash*
cepillo de dientes tooth-brush *túzbrash*
–de la ropa clothes-brush *clouzsbrash*
–de uñas nail-brush *neilbrash*
–del pelo hairbrush *jeebrash*
champú shampoo *shampú*
compresas sanitary towels *sánitri tauels*
crema hidratante moisturizing cream *móistiuraisin crim*
–limpiadora cleansing *clénsin*
–dentífrico toothpaste *túzpeist*
desodorante deodorant *diódorant*
detergente detergent *detéechent*
esmalte de uñas nail varnish *neil vaanish*
esponja sponge *spanch*
espuma de afeitar shaving cream *sheivin crim*
estropajo loofah *lufa*
gel de baño bath gel *baaz chel*
hoja de afeitar razor blade *reisa bleid*
horquillas hairpins *jeepins*
jabón soap *soup*
–de afeitar shaving cream *sheivin crim*
laca laquer *láca*
lapiz de ojos eye pencil *ai pensil*
lavavajillas washing up liquid *uoshin_ap líkuid*
lima de uñas nail file *neil fail*
loción para el afeitado shaving lotion *shéivin loushun*
maquillaje makeup *meikap*
navaja de afeitar open razor *oupen reisa*
pañuelos de papel paper tissues *peipa tíshius*
papel higiénico toilet paper *tóilit peipa*
peine comb *coum*
perfume peefium *péefium*
pinzas de depilar tweezers *tuisas*
–para el pelo hair tongs *jee tongs*
–para la ropa pegs *pegs*
polvos de talco talcum powder *tálcum pauda*
quitaesmalte nail varnish remover *neil váanish rimúva*
rimmel mascara *mascára*
sombra de ojos eye shadow *ai shádou*
tijeras scissors *sísas*
tónico hair tonic *jee tónic*

EN LA TIENDA DE ROPA

Rótulos más frecuentes

DRESSING ROOMS		MADE IN	**Hecho en**
Probadores		SIZE	**Talla**

Tejidos

¿De qué está hecho?
What's it made of?
uots it meid ov
¿Qué tejido es?
What's the material?
uots dze matíriol

Quiero un traje de lino.
I want a linen suit.
ai uont e linen sut
Quiero una cazadora de cuero.
I want a leather jacket.
ai uont e lédza chákit

Vocabulario

algodón	cotton	*cóton*
ante	suéde	*sueid*
cuero	leather	*lédza*
fibras sintéticas synthetic fibres	*sinzétic faibas*	
franela	flannel	*flánel*
hilo	thread	*zred*
lana	wool	*wul*
lino	linen	*línen*
nylon	nylon	*náilon*
pana	corduroy	*cóodroi*
paño	woolen cloth	*wulen cloz*
piel	leather	*lédza*
raso	satin	*sátin*
seda	silk	*silk*
terciopelo	velvet	*vélvet*
tergal	terylene	*térilin*

Tallas

Mi talla es la 42.
I'm size forty two.
aim sais footi tuu
No sé cuál es mi talla.
I don't know what size I am.
ai dount nou uot sais ay_am
¿Tiene la talla 38?
Have you got a size thirty eight?
jav_yu got e sais dzeeti éit.
¿Puedo probármelo?
Can I try it on?
can_ai tray_it on
Me queda muy largo/estrecho.
It's too long/narrow for me.
its tu long/nárou fo mi
Me queda muy bien.
It's just right.
its chast rait

largo	long	*long*	**suelto**	loose	*lus*
corto	short	*shoot*	**grande**	big	*big*
ancho	wide	*uaid*	**pequeño**	small	*smool*
estrecho	narrow	*nárou*	**abierto**	open	*oupen*
justo	tight	*tait*	**cerrado**	closed	*clousd*

ZAPATERÍA

betún negro
black shoe polish
blac shu pólish
botas
boots
buts
–de goma
Wellington boots
uélington buts
botines
ankle boots
ánkol buts
cordones
laces
leisis

playeras	plimsolls	*plímsouls*
plantillas	insole	*ínsoul*
sandalias	sandals	*sándels*

–de goma
rubber sandals
rába sándels
zapatos
shoes
shus
zapatillas de casa
slippers
slipas
–de deporte
sports shoes
spoots shus

Arreglos

¿Puede Ud. coser estos zapatos? Quiero suelas y tacones nuevos.
Could you sew these shoes? I want new soles and heels.
cud_yu sou dziis shus ai uont niu souls and jiils

OCIO Y ESPECTÁCULOS

CINE Y TEATRO

No se suelen proyectar películas dobladas. Generalmente todas las producciones son en versión original y, por tanto, en inglés. Las películas extranjeras se exhiben en locales especializados donde muy raramente son dobladas al inglés. Son muy importantes las producciones teatrales: ópera, ballet, drama, comedia, espectáculos musicales... Los teatros cierran un día por semana y dan una sola representación diaria excepto un día a la semana que se hace una "matiné" a primera hora de la tarde. En Gran Bretaña los domingos no hay función. Para toda información conviene consultar la prensa diaria o la cartelera de espectáculos. Puede haber dificultad para encontrar localidades en el día para los espectáculos importantes ya que se reservan con mucha antelación. En ese caso habrá que recurrir a agencias especializadas que cargan un porcentaje sobre el precio inicial. En Times Square, New York, y en Leicester Square, Londres, existen unas taquillas donde se venden las localidades sobrantes en el día, a precios muy reducidos.

Rótulos más frecuentes

BOX OFFICE **Taquilla**
CIRCLE **Palco**
CLOSING PERFORMANCES **Últimos días**
CONTINUOUS SHOWING **Sesión continua**
FIRST NIGHT **Estreno**
FRONT ROW **Delantera**
FRONT STALLS **Platea**
GALLERY **Galería**
ORIGINAL VERSION **Versión original**
SHOWING **Pase**
SOLD OUT **No hay localidades**
STALLS **Patio de butacas**
UPPER CIRCLE **Anfiteatro**
VERSION WITH SUBTITLES **Versión subtitulada**

¿A qué hora empieza la sesión?
What time does the show begin?
uot taim das dze shou biguín
Deme dos butacas centrales, por favor.
I'd like two seats in the middle, please.
aid laik tu sits in dze mídol pliis
¿Qué ponen en el cine Apollo?
What's on at the Apollo cinema?
uots on at dze apoulo sínema
Quiero reservar dos localidades de anfiteatro.
I'd like to reserve two seats in the upper circle.
aid laik tu riséev tu sits in dze apa seecol

Quiero reservar dos localidades para la sesión de mañana a las siete.
I'd like to reserve two seats for the seven o'clock show tomorrow.
aid laik tu riséev tu sits fo dze seven oclók séshun tumóuro
¿Dónde está el teatro Globe
Where's the Globe theatre?
ues dze gloub zíata
¿Dónde se representa Cats?
Where are they doing Cats?
uer_a_dzei dúin cats
¿Qué compañía actúa?
What company is doing it?
uot cámpani is duin_it

MÚSICA Y DANZA

Deme dos entradas para el concierto de mañana.
I'd like two tickets for tomorrow's concert.
aid laik tu tíkits fo tumórous cónseet
¿A qué hora es el concierto?
At what time is the concert?
at uot taim is dze cónseet
¿Qué piezas interpretan?
What are they playing?
uot_a_dzei pléyin
¿Quién es el director?
Who is the conductor?
ju is dze condácta
¿Quién es el batería?
Who is the drummer?
ju is dze dráma

¿Hay algún concierto interesante de música clásica?
Are there any good classical concerts on?
aa dzer_eni gud clásicol/roc cónseets on
¿Actúa alguna compañía de ballet clásico/contemporáneo?
Is there any classical/modern ballet on?
is dzer_eni clásicol/móden bále on
¿A qué hora empieza la función?
What time does the show begin?
uot taim das dze shou biguín
¿Qué orquesta interpreta/toca?
What orchestra is playing?
uot óokistra is pléyin

DE COPAS

¿Qué desea tomar?
What can I get you?
uot can_ai guet yu
¿Qué van a tomar?
What are you having?
uot_aa_yu jávin
Una copa de coñac, por favor.
A glass of brandy, please.
e glaas ov brandi pliis
Camarero, la cuenta por favor.
Waiter, the bill please.
ueita dze bil pliis

¿Dónde hay una zona de bares con ambiente?
Where is there a good area to go for a drink?
uer_is_dzer_e gud éria tu gou for e drink
¿Dónde podemos tomar una copa a estas horas?
Where can we go for a drink at this time of the night?
uer can ui gou for_e drink at dzis taim ov dze nait

¿Conoce Ud. algún bar con actuaciones en directo?
Do you know any pubs with live music?
du yu nou eni pabs uidz laiv miúsic

¿Hay alguna mesa libre?
Is there a free table?
is dzer_e fri teibol

Póngame dos cubitos de hielo.
Two cubes of ice, please.
tu kiubs ov ais pliis

¡Camarero!, un vaso de vino y dos cervezas, por favor.
Waiter! A glass of wine and two beers, please.
ueita e glaas ov uain and tu bias pliis

Tráiganos una cucharilla.
Bring us a teaspoon.
brin_as e tíspun

Por favor, póngame un whisky con hielo.
Could you give me a whisky with a bit of water, please?
cud_yu guiv mi e uiski uidz e bit_ov uoota, plis

¿Le importa calentarme la copa, por favor?
Could you heat up the glass for me, please.
cud_yu jit ap dze glaas fo mi pliis

Sírvame otra copa de lo mismo.
I'll have the same again, please.
ail jav dze seim aguein pliis

Vocabulario

agua water *uoota*
–mineral con/sin gas
mineral water with/without gas
mínral uoota uidz/uidzaut gas
anís anisette *anisét*
bar pub *pab*
barra bar *baa*
batido shake *sheik*
beber drink *drink*
bebida con/sin alcohol
alcoholic/non-alcoholic drink
alcojólik/nonalcojólik drink
bíter bitters *bítas*
brindis toast *toust*
café con hielo
coffee with ice
cófi uiz ais
–con leche
coffee with milk
cófi uiz milk
–cortado
coffee with a little milk
cófi uiz e lítol milk
–sólo
black coffee *blac cófi*
cafetería
cafeteria/cafe
cafetíria/cáfe
camarero
waiter/barman
ueita/báaman
caña a beer *e bia*
cerveza beer *bia*
coñac brandy *brandi*
copa glass *glaas*
cuba libre
Bacardi and coke
bacaadi and couk
cubito de hielo
ice cube
ais kiub
cuenta bill *bil*
doble double *dábol*
dulce sweet *suit*
gaseosa soda water *souda uoota*
ginebra gin *chin*
granizado de café
iced coffee
aist cófi
–de limón iced lemon *aist lémon*
hielo ice *ais*
infusión herb tea *jeeb ti*
licor liqueur *likiúr*
–de café/manzana/pera
–coffee/apple/pear
–cófi/ápol/pee
lima lime *laim*
limón lemon *lémon*
limonada lemonade *lemoneid*
manzanilla chamomile *cámomail*
menta mint *mint*

Vocabulario

mesa	table	*teibol*
mosto	grape juice	*greip chus*
naranja	orange	*órinch*
naranjada	orangeade	*órincheid*
pipermín	peppermint	*pépamint*
ponche	punch	*panch*
refresco de cola	cola drink	*coula drink*
–de limón	lemon squash	*lémon skuosh*
–de naranja	orange squash	*órinch skuosh*
ron	rum	*ram*
¡salud!	cheers!	*chias*
seco	dry	*drai*
sencillo	straight	*streit*
sidra	cider	*saida*
silla	chair	*chee*
soda	soda-water	*souda uoota*
sorbo	sip	*sip*
taberna	inn	*in*
té	tea	*ti*
tequila	tequila	*tekíla*
tónica	tonic	*tónic*
vaso	glass	*glaas*
vermouth	Martini	*maatíni*
–blanco	- white	*- uait*
–rojo	- red	*- red*
vino	wine	*uain*
vodka	vodka	*vodka*
whisky	whisky	*uiski*
zumo	juice	*chus*
–de frutas	fruit juice	*frut chus*

EN LA DISCOTECA

¿Conoces alguna buena discoteca?
Do you know any good discos?
du yu nou eni gud díscous
¿Qué tipo de música poner?
What sort of music do they play?
uot soot ov miusic du dzei plei
¿A qué hora abren?
At what time do they open?
at uot taim du dzei oupen
¿Quieres bailar?
Do you want to dance?
du yu uont tu daans
¿Dónde está la discoteca?
Where's the disco?
uees dze discou
¿Estás esperando a alguien?
Are you waiting for somebody?
aa yu ueitin fo sámbodi
Eres muy divertida(o).
You 're good fun.
yoo gud fan
Eres muy guapa(o).
You 're very pretty/handsome.
yoo gud fan/veri príti/jándsam
¿Quieres tomar algo?
Do you want a drink?
du yu uont e drink

Bailas muy bien.
You dance very well.
yu daans veri uel
¿Quieres que demos un paseo?
Would you like to go for a walk?
wud_yu laik tu gou for_e uook
Estoy muy a gusto contigo.
You make me feel fine.
yu meik mi fil fain
¿Te llevo a tu casa?
Can I take you home?
can_ai teik yu joum
¿Vives sola(o)?
Do you live alone?
du_yu liv aloun
¿Cuál es tu número de teléfono?
What's your telephone number?
uots yo télifoun namba
¿Te llamo mañana hacia las 7?
Shall I phone you tomorrow at 7?
shal_ai foun yu tumórou at seven
Paso a recogerte a las 8.
I'll pick you up at 8.
ail pik yu ap at éit

JUEGOS

¿Sabe Ud. jugar al billar?
Do know how to play billiards?
du yu nou jau tu plei bíliads

¿Quiere que le enseñe a jugar?
Do you want me to show you how to play?
du yu uont mi tu shou yu jau tu plei?

¿Le apetece jugar una partida?
Would you like to play a game?
wud_yu laik tu plei e gueim

¿Cuáles son las reglas del juego?
What are the rules of the game?
uot aa dze ruls ov dze gueim

Vocabulario

ajedrez	chess	*ches*
–alfil	bishop	*bíshop*
–caballo	knight	*nait*
–jaque	check	*chec*
–jaque mate	–checkmate	*–checmeit*
–peón	pawn	*poon*
–reina	queen	*kuin*
–rey	king	*kin*
–torre	rook/castle	*ruk/cáasol*
billar	billiards	*bíliads*
–banda	cushions	*cúshons*
–bolas	balls	*bools*
–taco	cue	*kiu*
–tiza	chalk	*chook*
bolos	skittles	*skítols*
cartas	cards	*caads*
–bridge	bridge	*brich*
–canasta	canasta	*canasta*
–figura	face card	*feis caad*
–póquer	poker	*pouka*
–corazones	–hearts	*–jaats*
–diamantes	–diamonds	*–dáiamons*
–picas	spades	*speids*
–tréboles	clubs	*clabs*
–rey	king	*kin*
–sota	jack	*chac*
casilla	square	*skuee*
casino	casino	*casino*
cubilete	cup	*cap*
dados	dice	*dais*
damas	draughts	*draafts*
dardos	darts	*daats*
–diana	bull's eye	*buls ai*
dominó	dominoes	*dóminos*
ganar	win	*uin*
juego de mesa	board game	*bood gueim*
lotería	lottery	*lóteri*
mover	move	*muv*
perder	lose	*lus*
ping-pong	table tennis/ping-pong	*teibol tenis/ping pong*
–pala	bat	*bat*
–red	net	*net*
–pelota	ball	*bool*
ruleta	roulette	*rulét*
salir	start	*staat*
soplar/comer	cheat	*chit*
tablero	board	*bood*
tapete	table	*teibol*

PLAYA Y PISCINA

¿Dónde hay una buena playa cerca de aquí?
Is there a good beach near here.
is dzer_e gud bich nia jia
¿Se puede nadar sin peligro?
Is it safe to swim here?
is it seif tu suim jia ?
¿Hay resaca?
Is there a strong current?
is dzer_e strong cárent
Deme tres entradas, dos de adulto y una de niño.
Give me three tickets, two adults and one child.
guiv mi zri tíkits tuu ádalts and uan chaild

¿Conoce Ud. una piscina con buenas instalaciones?
Do you know a pool with good facilities?
du yu nou e pul uidz gud fasílitis
¿Hay corrientes por esta zona?
Is there a strong current in this area?
is dzer e stron cárent in dzis éria
¿Hay por aquí alguna playa nudista?
Is there a nudist beach near here?
is dzer_e niúdist bich nia jia
¿Dónde puedo alquilar una tumbona?
Where can I hire a deckchair?
uee can ai jaiar e dékchee

Rótulos más frecuentes

BATHING PROHIBITED
Prohibido bañarse

BOAT
Barca

CHANGING ROOMS
Vestuarios

DANGEROUS WATER
Zona peligrosa

DANGER
Peligro

DECKCHAIR
Tumbona

FIRST-AID STATION/POST
Puesto de socorro

ON HIRE
Se alquila

SHOWERS
Duchas

SUNSHADE
Sombrillas

DEPORTES

¿Sabe Ud. dónde se puede jugar al tenis?
Do you know where one can play tennis?
du yu nou uer_uan can plei ténis
Quisiera alquilar un par de esquís.
I'd like to hire a pair of skis.
aid laik tu jaiar e per_ov skis
¿Alquilan raquetas?
Do you hire rackets?
du yu jaia rákits

¿Hay alguna carrera interesante?
Are there any interesting looking races?
aa dzer_eni íntrestin lúkin réisis
¿Dónde está el hipódromo?
Where's the racetrack?
uees dze réistrac
¿A qué hora empieza la carrera?
When does the game start?
uen das dze gueim staat

DICCIONARIO DE VIAJE

A

a causa de	because of
a favor de	in favour of
a la derecha	right
a la izquierda	left
a menudo	often
a través de	through, across
a veces	sometimes
a, en	in
abajo	below, downstairs
abandonar	to leave, abandon
abedul	birch
abeja	bee
abierto	open
abrebotellas	bottle opener
abrelatas	tin opener
abrigo	coat
abrir(se)	to open
absurdo/a	absurd
aburrido/a	bored
aburrir	to bore
aburrirse	to get bored
acaso	perhaps
aceite	oil
aceitunas	olives
acelga	chard
aceptar	to accept
acera	pavement
acero inoxidable	stainless steel
acompañar	to go with, accompany
aconsejar	to advise
acostarse	to go to bed, lie down
acostumbrado/a	used to
activo/a	active
acto	act
actor	actor
actriz	actress
acuerdo	agreement
acusar	to accuse
adaptación del texto	adaptation
adaptador eléctrico	adapter
adelantar	overtake
adelante	ahead
además	besides
además de	besides
admitir	to admit
afilado/a	sharp
afirmar	to state
afueras	outskirts
agarrar	to grab
agencia de viajes	travel agency
agotado/a	sould out
agradable	nice, pleasant
agradecer	to thank
agricultura	agriculture
agua	water
agua potable	drinking water
aguacate	avocado
aguantar	to put up with, bear
aguja	needle
— de coser	needle
— de reloj	hand
— de campanario	spire
agujero	hole
ahí	there
ahogado/a	drowned
ahora	now
aire	air
ajo	garlic
al lado (de)	beside
al norte/sur/ al este/oeste	to the north, south to the east, west
al principio	at the beginning
ala	wing
ala delta	hang-glider
albaricoques	apricots
albornoz	bathrobe
alcachofas	artichokes
alcantarilla	sewer
alcanzar	to reach
alcohol	alcohol
aldea	village, hamlet
alegre	happy
alegría	joy, happiness
alfiler	pin
alfombra	carpet
alguien	somebody
algunas veces	sometimes
alguno/a	some
allí, allá	there, over there

alma	soul
almacén	store
almendra	almond
almohada	pillow
alpinismo	mountaineering
alquilar	to rent
alquiler	rent
alrededor de	around
altavoz	loudspeaker
alto/a	high
altura	height
alubias	beans
alumno (a)	pupil
amar, querer	to love
amargo/a	bitter
amarillo	yellow
amatista	amethyst
ámbar	amber
ambulancia	ambulance
americana	jacket, coat
amor	love
amplificador	amplifier
ancho/a	wide
anchoas	anchovies
anchura	width
andar	to walk
angulas	elvers
animal	animal
anoche	last night
anorak	anorak
anteayer	the day before yesterday
ante	in front of, before
antena	aerial
antes	before
antichoque	shockproof
anticuario	antique dealer
antipático/a	unpleasant
anual	annual
anuncio	advertisement
añadir	to add
apagar	to turn off
aparcar	to park
apartamento	apartment
apellido	surname
apenas	hardly
aperitivo	aperitive
aplaudir	to applaud
apostar (a)	to bet
aprender	to learn
apretar	
— el cinturón	to tighten
— una tecla	to press
aprobar un examen	to pass
aproximadamente	approximately
apuesta	bet
aquel	taht
aquella	taht
aquellas	those
aquellos	those
aquello	that
aquí	here
araña	spider
árbitro	referee
árbol	tree
árbol frutal	fruit tree
archipiélago	archipelago
arena	sand
arenque	herring
argolla	ring
aria	aria
armario	wardrobe
aro	hoop
arpa	harp
arreglar	to mend
arrepentirse de	to regret
arriba	above, upstairs
arrodillarse	to kneel down
arroyo	stream
arroz	rice
arroz con leche	rice pudding
artesano/a	artisan, craftsman craftswoman
asa	handle
ascensor	lift
así	like this
asistir (a)	to be present (at)
aspecto	appearance
áspero	rough
astigmatismo	astigmatism
asustado/a	frightened
asustar	to frighten
asustar(se)	to be frightened
atar	to tie
atasco de tráfico	traffic jam
atentado	attack
atletismo	athletics
atracar	to hold up, rob
atrasar	to delay
atún	tuna
aumentar	increase

aunque	although
autobús	bus
autocar	coach
automático/a	automatic
autopista	motorway
autor/a	author
autoservicio	self-service
avellanas	hazelnuts
avenida	avenue
aventura	adventure
averiarse	to break down
averiguar	to find out
aves	birds
aviso	warning
avispa	wasp
ayer	yesterday
ayuda	help
ayudar a alguien a	to help someone to
azabache	jet
azúcar	sugar
azul	blue

B

bacalao	cod
bailar	to dance
bailarín/a	ballet dancer
bajar	to go, come down
bajar de	to get off
bajo	low
balcón	balcony
ballena	whale
ballet	ballet
ballesta (de coche)	spring
balón	ball
baloncesto	basketball
balonmano	handball
balonvolea	volleyball
bandera	flag
bañador de caballero	swimming trunks
bañador de señora	swimming, bathing suit
bañarse	to go for a swim
bañera	bathtub
barato/a	cheap
barba	beard
barca (motor o remos)	boat
barco	boat, ship
barítono	baritone
barrio	district, area
barro	mud
bastante	quite
basura	rubbish
bata,	dressing gown
—(laboratorio)	overall, white coat
batería	battery
batidora	mixer
batín	short dressing gown
batista	cambric, batiste
bayeta	flannel
beber	to drink
bello/a	beautiful
besugo	bream
betún	shoe polish
biblioteca	library
bicicleta	bicycle
bien	well
bigote	moustache
bikini	bikini
bizcocho	sponge cake
blanco	white
blando	soft
blusa	blouse
bolígrafo	biro
bollo	bun, cake
bolsa de aseo	wash bag
bolsillo	pocket
bomba	pump
bombero	fireman
bombilla	bulb
bombón	sweet
bonito/a	pretty, nice
borracho/a	drunk
bosque	forest
boxeo	boxing
boya	buoy
bragas	knickers
bragueta	fly
breve, corto	short
brillante, listo/a	brilliant, clever
brillar	to shine
brindar	to drink a toast
bronce	brass, bronze
bronceador	suntan oil
brújula	compass
bucear	to dive, swim under water

buena suerte	good luck
bueno/a	good
buey	ox
bufanda	scarf
burro	donkey
buscar	to look for
butaca	armchair

C

caballo	horse
cabeza	head
cabina (de teléfono)	booth
cabra	goat
cacahuetes	peanuts
cadena	chain
caerse	to fall, fall down
cafetera	coffee-pot
caja	
—para pagar	till
—recipiente	box
calabacín	courgette
calcetín	sock
calculadora	calculator
caldo	broth
calefacción	heating
calentador	heater
calentar(se)	to heat
calidad	quality
caliente	hot
caluroso/a	warm
picante	hot
callarse	to be quiet
calle	street
callos	tripe
calzada	roadway
calzoncillos	underpants
cama	bed
camarera/o	waitress, waiter
cambiar	to change
cambiar(se)	to change
camello	camel
camino, sentido	way
camión	lorry
camisa	shirt
camisón	nigthy
campeonato	championship
campo	country
campo de	
—fútbol	football pitch,
—golf	golf course
canal	canal
cancha de tenis	tennis court
canción	song
candelabro	candlestick
cangrejo	
—de mar	crab
—de río	crayfish
canguro	kangaroo
cansado/a	tired
cantante	singer
cantar	to sing
canto	song
caña de pescar	fishing rod
capa	cape, cloak
capaz	capable
capital (ciudad)	capital
capítulo	chapter
caramelos	sweets
cariñoso/a	affectionate
carne	meat
—de cerdo	—pork
—de cordero	—lamb
—de ternera	—veal
—para guisar	—stewing beef
—picada	—mince
caro/a	expensive
carrera	
—de atletismo	race
—de caballos	horse race
—de coches	motor race
—de motos	speed way race
carrete	
—de pescar	reel
—de fotos	cartridge
carretera	road
—de circunvalación	bypass, ring road
— para bicicletas	cycle lane
cartelera	billboard
cartera	
—para dinero	wallet
—documentos	briefcase
casa	house
—de empeños	pawnshop
casado/a	married
casarse	to get married
casco	helmet
casi	nearly
castaño (árbol)	chestnut
castillo	castle
catedral	cathedral

caviar	caviar
caza	hunting
cazadora	jacket
cazar	to hunt
cazo	ladle
cazoleta	small saucepan
cazuela	saucepan
cebo	bait
cebolla	onion
cebra	zebra
cementerio	graveyard, cemetery
cena	supper
cenicero	ashtray
centollo	spider crab
cepillo	brush
cerámica	pottery
cerca (de)	near (to)
cercano/a	nearby
cerdo	pig
cerezas	cherries
cerradura	lock
cerrar con llave	to lock
cerrar(se)	to close
cesta	basket
cicatriz	scar
ciclismo	cycling
ciclomotor	moped
ciego/a	blind
ciervo	deer
cigala	lobster
cinta	ribbon
cinta métrica	tape measure
cintura	waist
cinturón	belt
circuito de carreras	race track
círculo	circle
ciruelas	plumbs
cita	appointment
ciudad	city
civil	citizen
clarinete	clarinet
claro/a, despejado/a	clear
clase	class
clásico/a	classical
cobarde	coward
cobre	copper
coche	car
—de policía	police car
cochecito de niño	pram
cochinillo	sucking pig
cocido/a	stew
cocina	kitchen
coco	coconut
cocodrilo	crocodile
codorniz	quail
coger	to take
cojo/a	lame
cola	
—de cine	queue
—de animal	tail
colaborar	to collaborate
colchón	mattress
colchoneta	small mattress
colegio	school
colina	hill
colmillos	eye-tooth
colocar	to place
colorete	rouge
columna vertebral	spine
combinación	combination
combinado (bebida)	cocktail
comedia	play
—musical	musical
comedor	dining room
comer	to eat
comida	food
comisaría	police station
cómo	how
cómodo/a	comfortable
compañía	company
—de teatro	theatre company
completamente	completelly
completar	to complete
completo/a	full
complicado/a	complicated
composición	composition
compositor/a	composer
comprar (a)	to buy
comprender	to understand
comprobar	to check
con	with
concierto	concert
condado	county
condenar	to condemn
conducir	to drive
conejo/a	rabbit
confesar	to confess
confirmar	to confirm
confitería	confectionery
congelador	freezer

conseguir	to obtain, get
conseguir, cobrar	to earn
consejo	advice
consomé	consommé
construir	to build
consultar	to consult
consumición	drink
contaminación	pollution
contar	to count
contestación	answer
contestar, responder	to answer
continente	continent
continuar	to continue
contra	against
contrabajo	bass
contralto	contralto
conversación	conversation
copiar	to copy
coral	choral
corbata	tie
cordero	lamb
coreografía	choreography
coro	choir
corona	crown
correcto/a	correct
correr	to run
corriente	current
cortar	to cut
corteza (àrbol)	bark
—fruta	peel
cortina	curtain
corto/a	short
cosa	thing
coser	to sew
costa	coast
costar	to cost
costumbre	custom
costura	sewing
crecer	to grow
creer	to believe
crema	cream
—protectora	barrier cream
cristal (vidrio)	glass
cristalería	glasssware shop
cronómetro	stop watch
croquetas	croquettes
cruce	crossing
cruzar	to cross
cuaderno	exercise book
cuadrado/a	square
cuadro	picture
cual, cuales	who, whom
cualquier/a	any
cuando	when
cuándo	when
cuánto	how much
cuarteto	quartet
cuarto	room
cuarto de baño	bathroom
cuba	tub
cubierta	
—de barco	deck
—de rueda	tyre
cubo	bucket
—de la basura	rubbish bin
cuchara	spoon
cuchichear	to whisper
cuchilla	razor
cuchillo	knife
cuello	neck
cuenta	bill
cuerda	string
cuerno	horn
cuero	leather
cuidado	care
cuidadosamente	carefully
cuidar	to look after
cuidar de	to look after
culebra	snake
culpa	fault
cultivar	to cultivate
culto/a	cultivated
cultura	culture
cumplir	to do one's duty
cuna	cradle
curioso/a	nosy
curva	bend, curve
cutis	skin
cuyo (a, os, as)	whose

CH

chal	shawl
chaleco	waistcoat
chalet	house
champiñón	mushroom
chándal	tracksuit
chaqueta	jacket
—de punto	cardigan
chaquetón	coat
charlar	to chat
cheque de viaje	traveller's cheque

cheviot	cheviot
chicle	chewing-gum
—frambuesa	raspberry chew
—fresa	strawberry chew
—menta	mint chewing gum
chillar; gritar	to shout
chimenea	chimney, fireplace
chocolate	chocolate
chopo	poplar tree
chuleta	chop

D

danza	dance
dar	to give
dar cuerda	wind up
—la bienvenida	to welcome
—vuelta a	to turn over
darse prisa	to hurry
dátiles	dates
de	
—(pertenencia)	of
—(procedencia)	from
de acuerdo	alright!
de vez en cuando	from time to time
de pie	standing
debajo de, abajo	under, below
débil	weak
decidir(se) (a)	to decide (to)
decir	to say
decisión	decision
declarar	to declare
decorar (de)	to decore (with)
defensa (deportista)	defender
delantal	apron
delante de	in front of
delantero (deportista)	forward
delgado/a	thin
delicado/a	delicate
delicioso/a	delicious
demás	other, rest of the
demasiado	too much
demasiados	too many
dentro	in, inside
denuncia	report
denunciar	to report
derecho, ley	law
desafinar	to be out of tune
desagradable	unpleasant
desagüe	drain
desaparecer	to disappear
desarrollar(se)	to develop
desayuno	breakfast
descansar	to rest
descanso	rest, break
descargar	to unload
desconocido/a	unknown
describir	to describe
descubrir	to discover
desde	
—(espacio)	from
—(tiempo)	since
desde luego	of course
desear	to want
deseo	wish
desgracia	disgrace
desierto	desert
despacio	slow
despensa	larder, pantry
despertador	alarm
despertar(se)	to wake up
despierto/a	awake
después (de)	after
destino	destination
destruir	to destroy
desván	attic
detrás	behind
detrás de	behind
devolver	to give back
devolver, reembolsar	to repay
devolver, volver	to return
diadema	diadem
dibujar	to draw
dibujo	drawing
diccionario	dictionary
difícil	difficult
dificultad	difficulty
dije	charm
dinero	money
Dios	God
dirección	adress
—escénica	direction
directo/a	direct
director	director
—de orquesta	conductor
dirigir	to direct
disco	record
—compacto	compact disc
discutir	to argue
disfrazar	to disguise
disfrutar	to enjoy

disparar	to shoot
distinto/a	different
divertido/a	fun
divertirse	to have fun
dividido/a	divided
dividir	to divide
divorciado/a	divorced
documentación	papers
doloroso/a	painful
donde	where
dormir	to sleep
dormitorio	bedroom
drama	drama
droga	drug
ducha	shower
ducharse	to have a shower
dulce	sweet
dúo	duo
durante	during
durar	to last
duro/a	hard
duro, difícil	hard

E

echar	
—al correo	to put in the post
—de menos	to miss
edad	age
edificio	building
edredón	bedspread
educar, instruir	to educate
ejemplo	example
él	he
el mayor	the oldest
el mejor	the best
eléctrico	electric
electrodoméstico	electrical household, appliance
elefante	elephant
elegante	elegant
elegir	to choose
ella, ello, ellos	she, it, they
emborracharse	to get drunk
empanada	pie
empanadilla	turnover
emperador	Emperor
emperatriz	Empress
empezar (a)	to start
emplear	to employ
empujar	to push
en, encima	on
en casa	at home
en contra de	against
en lugar de	instead of
en medio	in between
en medio de	in the middle of
en seguida	at once
en vez de	instead of
encantado/a	delighted
encantador/a	charming
encarcelar	to imprison
encender	
—la luz	to turn on
—un fuego	to light
enchufe	
—hembra	socket
—macho	plug
encima de, arriba	on top of
encontrar	to find
endibia	endive
enemigo/a	enemy
enfadado/a	angry, cross
enfermo/a	ill
enfrente de	opposite
enorme	enormous
ensalada	salad
enseñar	to teach
entender	to undersatand
enterarse de	to find out about
entonces	then
entre	between
entreacto	interval
entremeses	hors-d'oeuvre
entrevistar	to interview
enviar	to send
envolver	to wrap
equipo	
de buceo	diving gear
—fútbol	team
equitación	horse riding
equivocarse	to make a mistake
error	mistake
esa, esas	that one, those
es decir	that is to say
escalera	staircase
— de mano	ladder
escalón	step
escena	scene
escenario	stage
escenografía	scenery

escoba	broom
escobilla	
—(de pipa)	brush
escoger	to choose
escribir	to write
escuchar	to listen
escuela primaria	primary school
escultura	sculpture
esfera	sphere
esgrima	fencing
esmalte	enamel
esmeralda	emerald
esmoquin	dinner jacket
espacio	space
espalda	back
especie	species
espejo	mirror
esperanza	hope
esperar	
—(deseo)	to hope
—(tiempo)	to wait
espiral	spiral
esponja	sponge
espuma para el pelo	lather
esquí	skiing
—acuático	water skiing
esquiar	to ski
esquina	corner
esta	this
estación de	
—autobuses	bus station
—de tren	station
—de esquí	ski resort
estadio	stadium
estado	
—(país)	state
—(físico)	shape
estallar	to explode
estar	to be
—de acuerdo	to agree
—de pie	to stand up
—equivocado	to be wrong, mistaken
éstas	these
éste	this
estéreo	stereo
estilo	style
esto	this
éstos, éstas	these
estrabismo	squint
estrecharse la mano	to shake hands
estrella	star
estrellar	to smash
estreno	début
estropear(se)	to spoil
estudiante	student
estudios	studies
estufa	stove
estúpido/a	stupid
etiqueta	label
exactamente	exactly
examen	exam
examinarse	to sit for an exam
excepto	except
excursión	excursion, trip
existir	to exit
éxito	success
experiencia	experience
explicación	explanation
explicar	to explain
exposición	exhibition
expresión	expression
exprimidor	squeezer
exquisito/a	exquisit
extra	extra
extranjero/a	foreigner
extraordinario/a	extraordinary

F

fábrica	factory
fabricar	to manufacture
facción	faction
fácil	easy
fácilmente	easily
faja	corset
falda	skirt
fama	reputation
famoso/a	famous
faro	lighthouse
farola	streetlight
fecha de nacimiento	date of birth
felicitar	to congratulate
feliz	happy
feo/a	ugly
fieltro	felt
fiesta	party
filtro	filter
fin	end

fin de semana	weekend
finca	estate
fino/a	fine
firmar	to sign
flauta	flute
flequillo	fringe
flor	flower
flotador	float
fluir	to flow
forma	shape
forro	lining
fósil	fossil
fotografía	photography
fotografiar	to photograph
frac	tails
frágil	fragile
frecuentemente	frequently
fregadero	sink
fregona	mop
freidora	frier
freno	brake
fresco/a	fresh
fresno	ash
friegaplatos	dishwasher
frigorífico	fridge
frío	cold
frontera	border
fruta	fruit
fuego	fire
fuera	outside
fuerte	strong
fuga	leak
fumar	to smoke
función	
—de noche	late performance
—de tarde	matinée
—única	one-night-stand
funcionar	to work
funicular	cable car
furgoneta	van
fútbol	football

G

gabardina	raincoat
gafas	glasses
—de buceo	diving goggles
—de sol	sun glasses
gallina	hen
gallo	cock
ganar (sueldo)	to earn
—(competición, juego)	to win
garbanzos	chickpeas
gargantilla	necklace
garra	claw
gas	gas
gasa	gauze
gastar	to spend
gato	cat
gente	people
gesto	gesture
gimnasia	gymnastics
gimnasio	gymnasium
ginecólogo/a	gynaecologist
globo	balloon
gobierno	government
golf	golf
golfo (geografía)	gulf
golosina	sweet
goloso/a	sweet-toothed
golpe	knock
golpear	to hit
goma (caucho, borrar)	rubber
goma (pegar)	gum, glue
gordo/a	fat
gorra	cap
gorro de baño	bathing cap
gotera	leak
grabado	engraving
gracias	thanks
gracioso/a	funny
grande	big
granja	farm
grifo	tap, faucet
gris	grey
gritar	to shout
grito	shout
grupo	group
guantes	gloves
—de cuero	leather gloves
—de goma	rubber gloves
—de lana	woollen gloves
—de seda	silk gloves
guapa	pretty
guapo	handsome
guardar	to keep
guerra	war
guión	script
guisar	to cook
guitarra	guitar
—acústica	acoustic guitar
—eléctrica	electric guitar

H

habitación	room
habitante	inhabitant
hablar	to speak
hace dos días	two days ago
hacer	to do
hacer (fabricar)	to make
—fuego	to make a fire
—gimnasia	to do some gimnastics
—preguntas	to ask questions
—punto	to knit
—una lista de	to make a list of
hacia	towards
hambre	hunger
hamburguesa	hamburger
harina	flour
hasta	untill, till
haya	beech
hecho/a en	made in
helado	ice cream
helicóptero	helicopter
herida	injure, wound
herido/a	wounded, hurt
herir	to wound, hurt
hermoso/a	beautiful, lovely
hidroavión	seaplane
hierba	grass
hierbas	herbs
hierro	iron
hígado	liver
higo	fig
hilo	thread
—de seda	silk thread
—de zurcir	darning thread
himno	hymn
hinchable	inflatable
hipermetropía	longsightedness
hipódromo	racetrack
hipopótamo	hippopotamus
hirviendo	boiling
historia	history
historia, cuento	story, tale
hocico	snout, muzzle
hoguera	bonfire
hoja (de árbol)	leaf
—(de papel)	sheet
honrado/a, sincero/a	honest, sincere
hora	hour
hormiga	ant
horno	oven
—microondas	microwave
hortaliza	vegetable
hospital	hospital
hotel	hotel
hoy	today
hoyo	hole
huella	footprint
huerta	vegetable garden
huir	to flee, escape
humo	smoke

I

idea	idea
idiota	idiot
imaginar	to imagine
impedir	to prevent, stop
imperdible	safety pin
impermeable	waterproof
importante	important
importar	to import
imposible	impossible
impresionar	to impress
impuesto	tax
incapaz (de)	incapable (of)
inclinar	to lean
incluso	even
infeliz	unhappy, unfortunate
informar	to inform
insecto	insect
inspector	inspector
instante	instant, moment
instituto	secondary school
instrumento	
—de cuerda	string instrument
—de percusión	percusion instrument
—de viento	wind instrument
—musical	musical instrument
insultar	to insult
inteligente	intelligent
intentar	to try
intermedio (en el teatro)	interval
interpretación	performance
interruptor	switch
inútil	useless
invierno	winter
invitar	to invite

ir to go
irse to go away
isla island
izquierdo/a left

J

jabalí wild boar
jabón soap
jade jade
jamás never
jamón ham
—cocido cooked ham
—curado salted ham
jardín garden
jaula cage
jefe/a boss, chief
jersey pullover, jumper, jersey
jinete rider
jirafa giraffe
joven young
joyero/a jeweller
joyero jewel box
jugar to play
juguete toy
junto/a together
junto a next to
jurar to swear
justo/a fair
—(apretado) tight
juzgar to judge

L

la, las the
ladrón/a thief, robber
lago lake
lágrima tear
lámpara lamp
langosta lobster
langostino prawn
lanzar to throw
lápiz pencil
laurel laurel
lavabo (retrete) toilet, lavatory
lavadora washing machine
lavar to wash
lavar (se) to wash oneself
le, les him, them
leche milk
lector/a reader
leer to read
legumbre legume
lejía bleach
lejos (de) far (from)
lencería underwear
lenguado sole
lentes de contacto contact lenses
león lion
leona lioness
leotardos leotard
levantar (se) to lift, raise
levantar, construir to build
levantarse to get up
libra (esterl.) pound
libre free
libro book
—de aventuras adventure book
—infantil children's book
liebre hare
liga garter
liguero suspender
limón lemon
limpiar to clean
limpio/a clean
línea line
lo, los the
lobo wolf
localidad locality, place
loco/a mad, crazy
locura madness
lombarda red cabbage
luchar to fight
luego then, afterwards
lugar place
—de nacimiento birthplace
—residencia residence
luna moon
lupa magnifyzing glass
luz light

LL

llamar to call
llamarse to be called
llanura plain
llave key
llegar to arrive
llenar (de) to fill (with)
llevar to carry

llorar, gritar	to cry
lluvia	rain
lluvioso/a	rainy

M

macramé	macramé
madera	wood
magnetofón	tape recoder
maíz	corn
mal	bad, badly
mala suerte	bad luck
maleta	suitcase
malla	mesh, net
malo/a	bad, naughty
manantial, fuente	spring
manchar	to dirty, stain
mandar	
—(enviar)	to send
—(ordenar)	to order
—(encabezar)	to lead
mandarina	mandarine orange
manecilla	hand
manga	sleeve
manillar	handlebar
manopla	mitten
manta	blanket
mantequería	dairy
mantequilla	butter
manzana	apple
mañana (día)	tomorrow
mañana (la)	morning
mapa	map
máquina	machine
—de afeitar	razor
mar	sea
marcha	march, progress
marea	tide
mareado/a	sick, dizzy
margarina	margarine
mariposa	butterfly
marisco	shellfish
mármol	marble
marrón	brown
más	more
más...de	more...of
más...que	more...than
máscara	mask
matar	to kill
mayor	bigger
mayor (edad)	older
mayor/menor de edad	adult/minor
mayores de 13/18 años	older than 13/18 years of age
mazapán	marzipan
me	me
mechero	lighter
medallón	locket
medias	tights
medio	middle
medir	to measure
mejillón	mussel
mejor	better
(lo) mejor	the best
melocotón	peach
melón	melon
membrillo	quince
memoria	memory
menos	less
menos... que	less...than
mentir	to lie
merecer	to deserve
merengue	meringue
merluza	hake
mermelada	jam
(de naranja)	marmalade
mero	grouper
mesa	table
meseta	plateau
meta	aim, goal, objective
metal precioso	precious metal
meterse en	to get into
mezclar	to mix
mi, mis, mí	my, me
miedo	fear
miel	honey
mientras	while
milhojas (pastel)	flaky pastry
Ministerio (de)	Ministry (of)
minutero	minute han
minuto	minute
mío, a, as, os	my, mine
miopía	shortsightedness
mirar, parecer	to look
misterio	mystery
mochila	rucksack
mojado	wet
molestar	to bother
momento	moment
moneda	coin

monedero	purse
mono/a	monkey
montaña	mountain
montañismo	mountaineering
montar	
—a caballo	to ride a horse
—en bicicleta	to ride a bicycle
montura	saddle
moqueta	carpet
morado	purple
moras	blackberries
moreno/a	brown
morir	to die
mortadela	bologne sausage
mosca	fly
mosquito	mosquito
mostaza	mustard
moto	motorbike
motora	motorboat
motorismo	motorcycling
mousse de café	mousse
mover	to move
mucho/os	a lot of, many
mudo/a	dumb
mueble	piece of furniture
muerto/a	dead
mundo	world
muñeca	
—(en la mano)	wrist
—(juguete)	doll
muñeco	boy doll
muro	wall
música	music
—clásica	classical music
—de cámara	chamber music
—de jazz	jazz music
—instrumental	instrumental music
—moderna	modern music
—polifónica	polyphonic music
—pop	pop music
—popular	folk music
—rock	rock music
—sacra	holy music
—sinfónica	symphonic music
muslo	thigh
muy	very

N

nabo	radish
nacer	to be born
nacido/a	born
nación	nation
nacionalidad	nationality
nada	nothing
nadar	to swim
naranja	orange
nata	cream
natación	swimming
natillas	custard
necesario/a	necessary
necesitar	to need
negarse (a)	to refuse (to)
neumático	tyre
ni	neither, nor
nido	nest
ninguno	no, not any
nivel	level
no	no
no más	no more
noche	night
nombre	name
nosotros/as	we
nos	us
nota, puntos	note, mark
nuestro, a, nuestros,as	our, ours, of ours
nuevo/a	new
nuez	nut
número	number
nunca	never

O

o	or
obertura	opening
objeto	object
obligatorio/a	obligatory
obra	work
—de teatro	play
observar	to observe
océano	ocean
ocupado/a	full, occupied
ocurrir	to occurr
odiar	to hate
oficina de información	information office
oír	to hear
ola	wave
oleaje	swell
oler	to smell
olmo	elm

olor smell
olvidar to forget
olla de presión pressure cooker
ópera opera
opereta operetta
opinión opinion
orfebrería goldsmithery, silversmithing
organdí organdie
órgano organ
orgullo pride
oro gold
orquesta orchestra
os you, to you
oscuridad darkness
oscuro/a dark
o sea in other words
oso/a bear
ostras oisters
otoño autumn, fall
otra vez another time
otro, os, a, as another
oveja sheep

P

pagar to pay
página page
país country
paisaje landscape
pajarita bow tie
pájaro bird
pala spade
palabra word
paletilla shoulder
pálido/a pale
palo stick
paloma dove, pigeon
pantalón trousers
—cortos short trousers
pantalones vaqueros jeans
pantano reservoir
paño cloth
pañuelo hankerchief
papel paper
—calco tracing paper
—de cartas letter writing
—de embalar wrapping paper
—de estaño aluminium foil
papelera wastepaper basket
paquete packet
para for
paraguas umbrella
parapeto parapet
parecerse a look like
pared wall
pareja couple
parque park
partido party
pasamontañas Balaclava
pasaporte passport
pasas raisins
pasillo corridor
paso step
paso de cebra zebra crossing
pasta (italiana) pasta
pastas (dulces) pastries
pastel cake
pata leg
patata potato
patín skate
patinar to skate
patio de butacas stalls
pato/a duck
pavo/a turkey
paz peace
peatón pedestrian
pecera fish tank
pedal pedal
pedir to ask for
pegar
—(golpear) to hit
—(con cola) to stick
peinado hairstyle
película film
—bélica war film
—comedia comedy
—de acción action packed film
—de aventuras adventure film
—de ciencia ficción science fiction film
—de dibujos animados cartoon film
—de suspense film of suspense
—de terror horror film
—documental documentary
—drama dramatic film
—erótica blue movie
—histórica historical film
—musical musical
—policiaca detective movie
peligro danger

peligroso/a dangerous
pelo hair
pelota ball
pena shame
península peninsula
pensamiento thought
pensar to think
pensar en to think of
pepinillo gherkin
pepino cucumber
pequeño/a small
pera pear
percebe goose barnacle
percha clothes hanger
percusión percussion
perder to lose
perdiz partridge
perdonar algo a alguien to forgive someone for something
perejil parsley
perfecto/a perfect
periódico newspaper
permiso licence, permisssion
permitir to allow
pero but
perra bitch
perro dog
perseguir to pursue
persiana persian blind
persona person
personal personal
pertenecer a to belong to
pesado heavy
pesar to weigh
pesca fishing
pescadilla whiting
pescado fish
pescar to fish
peso weight
petaca tobacco pouch
petróleo petroleum
petrolero oil tanker
pez fish
pianista pianist
piano piano
picadillo minced meat
pico beak
piedra stone
pierna leg
pieza piece
pijama pyjamas
pila battery
pimentón paprika
pimienta/o pepper
pinchar(se), romper(se) to puncture
pinchazo puncture
pino pine
pintar to paint
pintor painter
pintura painting
piña pineapple
piragua canoe
piragüismo canoeing
piscina swimming pool
—al aire libre open air pool
—cubierta indoor pool
piso (suelo) floor
—(vivienda) flat
pista track
—de hielo ice rink
placer pleasure
plancha iron
planchar to iron
plano map
planta (piso) floor
plátano banana
platea stalls
platería silverware
plato dish
playa beach
plaza square
pluma feather
pobre poor
poco not much, little
poder power
policía police
pollo chicken
polo (niqui) sweater
polvo powder, dust
polvos para la cara face powder
pomelo grapefruit
poner (se) put (on)
—de pie stand up
por, para by, for
porcelana porcelain
por ejemplo for example
por fin at last
porque because
por qué why
por supuesto of course
portal doorway

por tanto	(and) so
portería	porter's quarters
portero/a	porter
postre	pudding
precio	price
precipitarse	to rush
preferido/a	favourite
preferir	to prefer
pregunta	question
preguntar (por)	to ask for
preguntarse	to wonder
preocupado/a	worried
preocuparse por	to worry about
presentar	to present
presentar a alguien, introducir	to introduce
primavera	spring
primero/a	first
princesa	princess
príncipe	prince
prismáticos	binoculars
producir	to produce
producto	product
productor/a	producer
profesión	profession
profundidad	depth
profundo/a	deep
programa	programme
prohibido/a	prohibited
prohibir	to prohibit
pronto	soon
pronunciar	to pronounce
proteger	to protect
provincia	province
pueblo	village
puente	bridge
puerro	leek
puerta	door
puerto	port, harbour
pues	siince, so, because
pulga	flea
pulpo	octopus
punto	point
—de partida	starting point
—de vista	point of view
puño	fist

Q

que	that
qué	what
quemadura	burn
quemar	to burn
querer	to want
querer; gustar	to love
quién, quiénes	who
quitarse, despegar	to take away
quizás	perhaps

R

radio	radio
raíz	root
rama	branch
rápidamente, de prisa	quickly
rápido/a	quick
raqueta	racket
rascacielos	skyscraper
rata	rat
rato	while
ratón	mouse
raya	line
raza	race
rebeca	cardigan
rechazar	to reject
recibidor	entrance hall
recibir	to receive
recital	recital
reclamar	to claim, demand
recogedor	dustpan
recoger	to collect
reconocer	to recognize
recto/a	straight
recuerdo	reminder
red	network, net
reflexionar	to thiink, reflect
refugio	refuge, shelter
regata	regatta, boat race
región	region
registrar, inscribirse	to register
reina	queen
reír	to laugh
reírse de	to laugh at
religión	religion
religioso/a	religious
reloj	clock
remo	oar, paddle
remolacha	beetroot
remolino	whirlpool

remolque	trailor
remonte	ski-lift
reparar	to repair
reparar, reponerse	to be restored
reparto	delivery
repollo	cabbage
reposición	recovery
representación	performance
resaca	hangover
resbalar	to slip
reserva telefónica	line reservation
reservar	to reserve
resolver	to solve
respeto	respect
responder	to reply, answer
responder, reaccionar	to react
respuesta	answer
resultado	result
retrato	portrait
revista	magazine
—de opinión	review
—del corazón	society magazine
rey	king
rico/a	rich, wealthy
rinoceronte	rhinoceros
riñón	kidney
río	river
ritmo	rhythm
rizo	curl
robar	to steal
roble	oak
robo	robbery
roca	rock
romper(se)	to beak
ropa interior	underwear
rubio	blonde
ruborizarse	to blush
rueda	wheel
ruido	noise
ruinas	ruins
rumbo	direction

S

sábana	sheet
saber, conocer	to know
sacacorchos	corkscrew
sacapuntas	pencil sharpener
sacar	to take out
saco de dormir	sleeping bag
sal	salt
sala de conciertos	concert hall
sala de estar	living room
salchichas	sausages
salchichón	salami
sales de baño	bath salts
salmón	salmon
—ahumado	smoked salmon
salón	sitting room, lounge
—de belleza	beauty salon
salsa	sauce
—de tomate	tomato sauce
—rosa	pink sauce
—tártara	tartar sauce
saltar	to jump
saludar	to greet
salvaje	wild
salvar	to save
sapo	toad
sardina	sardine
sartén	frying pan
satén	sateen
sauce	willow
saxofón	saxophone
se	oneself, itself
secador de pelo	hair dryer
secar(se)	to dry oneself
seco/a	dry
secreto/a	secret
sed	thrist
sedal	fishing line
seguir	to follow
según	depending on
segundero	second hand
segunda clase	second class
segundo/a	second
segundo (tiempo)	second
seguridad	security
semáforo	traffic light
semana	week
sencillo/a	simple
sentarse	to sit
sentido	sense
sentir	to feel
señal, marca	signal
separar(se)	to separate
sepia	cuttlefish
ser, estar	to be
serio/a	serious
serpiente	snake

servicio	service
servilleta	serviette
sesión (de cine)	show, session
sesos	brain
seta	mushroom
si	if
sí (afirm.)	yes
sí (pron.)	himself
siempre	always
sierra	mountain
significar	to mean
siguiente	next
silencio	silence
silencioso/a	silent
silla	chair
sillín (de caballo)	saddle
—(bicicleta)	seat
sillón	armchair
simpático/a	nice
sin	without
sin embargo	however
sinfonía	symphony
sino	but, except
sobre	envelope
sobre, encima	on top of
sociedad	society
socio	member
sol	sun
solapa	lapel
solista	soloist
solo/a	alone
soltero/a	single
sombra	shade
sombrerería	hatter´s
sombero	hat
sombrilla	sunshade
sonar	to sound
sonar, tocar, llamar por teléfono	to ring
sonata	sonata
sonido	sound
sonreír	to smile
sonrisa	smile
soñar	to dream
sopa	soup
soprano	soprano
sordo/a	deaf
sorpresa	surprise
su (de él)	his
su (de ella)	her
su (de ello)	its
su (de Ud.)	your
su (de ellos/as)	their
suave	soft
suavizante para el pelo	soft rinse
suavizante para la ropa	softener
subasta	auction
subir	to go up
subir a	to go up to
submarino	submarine
suburbio	suburb
suceder	to happen
sucio/a	dirty
suelo	floor
sueño	dream
suerte	luck
sujetador	bra
suponer	to suppose
sustituir	to substitute
suyo,a,os,as	his, hers, its, yours, theirs (ver Su)

T

taco (palabra)	swear-word
tallarines	noodles
taller atesanal	workshop
tamaño	size
también	also, too
tampoco	not either, neither
tan	so, such
tan...como	as...as
tan...que	so...that
tanto	so much, so many
tapa	lid, top
tapiz	tapestry
tarde	afternoon, evening
tarea	task
tarro	jar
tarta	cake
taxi	taxi
te	you, to you
té	tea
teatro	theatre
techo	ceiling
teclados	keyboard
teja	tile
tejado	roof
tejido de punto	knitted fabric
tela	cloth

telefonear	to telephone
teléfono	telephone
telesilla	chair lift
telesquí	ski lift
televisión	television
televisor	television
temperatura	temperature
temprano	early
tenedor	fork
tener, haber	to have
—hambre	to be hungry
—sed	thirsty
—lugar	to take place
—miedo	to be frightened
—razón	to be right
tenis	tennis
tenor	tenor
terminar	to end
ternera/o	veal
terremoto	earthquake
terrible	terrible
texto	text
ti	you, to you
tiburón	shark
tiempo	time
tienda	shop
—de alfombras	carpet shop
—de armas	gunshop
—de campaña	tent
tierra	earth
tigre	tiger
tigresa	tigress
timbre	
—(sello)	stamp
—(llamador)	ring
tímido/a	shy, timid
tinta	ink
tintero	inkwell
tiple	soprano
tipo	type
tirantes	braces
tirar	to throw
tirar de	to pull
tiro	shooting
toalla	towel
toallitas de papel	tissues
tocadiscos	record player
tocar	to touch
tocar (música)	to play
tocino	fat
todavia	still
todo, a, os as	all
tomar (algo)	to take, have
tomar el sol	to sunbathe
tomate	tomato
tonto/a	fool
topacio	topaz
toro	bull
tortuga	tortoise
trabajar	to work
tractor	tractor
traer	to bring
tragedia	tragedy
tragicomedia	tragicomedy
trago	drop
traje de baño	swimming costume
traje	
—de caballero	suit
—de chaqueta	dinner jacket
—de noche	evening dress
trampolín	diving board
tranquilidad	tranquility, calmness
tranquilo/a	calm
transbordador	ferry
transformador	transformer
transporte	transport
tranvía	tram
trapo	cloth
tras	behind
travieso/a	naughty
tren	train
trigo	wheat
trimestre	term
triste	sad
tristeza	sadness
trombón	trombone
trompa	horn
trompeta	trumpet
tronco	trunk
trucha	trout
truco	trick
tu,tus, tú	you, your
tuba	tuba
tubo	tube
tul	tulle
tumbona	deckchair
turismo	tourism
turno	shift
turquesa	turquoise
tuyo, a, os, as	yours, of yours

U

último/a	last
un,o, os, a, as	a, an, one, some
unir	to join
universidad	university
urgente	urgent
usar	to use
usted, Uds.	you
útil, servicial	useful
uvas	grapes

V

vaca	cow
vacaciones	holiday
vaciar(se)	to empty
vacío	empty
vajilla	dishes
valiente	valiant
valle	valley
valor	value
varios	several
vaso	glass
vehículo	vehicle
vela	sailing
velero	sailing
venado	venison
vencer	to win
vender(se)	to sell
veneno	poison
venir	to come
venta anticipada	tickets sale at the ticket office
ventana	window
ver	to see
verano	summer
verdad	truth
verde	green
verdura	vegetable
vergüenza	embarassment
versión	
—original	original version
—subtitulada	subtitled version
vestíbulo	hall
vestido	dress
vestir(se)	to dress, get dressed
vestuario	changing room
vez	time, turn
viajar	to travel
vida	life
video	video
vidrio	glass
viejo/a	old
antiguo/a	old, very old, ancient
vigilancia	surveillance
vigilante	watchman
vinagre	vinegar
viola	viola
violento/a	violent
violín	violin
violonchelo	cello
visitar	to visit
viudo/a	widower
vivir	to live
vivo/a	alive
volar	to fly
volcán	volcano
volver	to return
volver(se)	to become
volverse hacia	to turns towards
vosotros, as	you
voz	voice
vuelo	flight
vuestro, a, os, as	your, of yours

W

water	toilet, lavatory

Y

y	and
ya	already
yate	yacht
yegua	mare
yema	yolk
yo	I

Z

zafiro	sapphire
zanahoria	carrot
zapatillas de agua	water shoes
zarcillo	tendril
zarzamora	blackberry
zona	zone, area
zorro/a	fox

ÍNDICE ALFABÉTICO